大数据平台搭建部署与运维

主　编　夏俊博　李　晶

北京理工大学出版社
BEIJING INSTITUTE OF TECHNOLOGY PRESS

内 容 简 介

　　本书内容包括虚拟机的安装、Hadoop 集群的单机模式、伪分布式及完全分布式的搭建过程、HDFS 基本操作、MySQL 安装（基于 Linux 平台）、HDFS 基本操作、ZooKeeper 的安装部署和 Hive 的安装部署。其中，Hadoop 平台安装部署是重点内容，章节中详细说明了免密登录、JDK 的安装过程，以及 3 种模式的区别联系；分布式文件系统（HDFS）章节中详细阐述了 HDFS 的核心原理。本书配套了详细的视频演示、课件和教案等教学资源，方便教师和学生多方面、多渠道学习。为方便读者更加深入学习，本书还配套了相关的实训环境和实训文件。

图书在版编目（CIP）数据

　　大数据平台搭建部署与运维 / 夏俊博，李晶主编.
-- 北京 ：北京理工大学出版社，2025. 1
　　ISBN 978 - 7 - 5763 - 2968 - 1

　　Ⅰ. ①大… Ⅱ. ①夏… ②李… Ⅲ. ①数据管理
Ⅳ. ①TP274

　　中国国家版本馆 CIP 数据核字（2023）第 192963 号

责任编辑：王玲玲		**文案编辑**：王玲玲	
责任校对：刘亚男		**责任印制**：施胜娟	

出版发行 / 北京理工大学出版社有限责任公司

社　　址 / 北京市丰台区四合庄路 6 号

邮　　编 / 100070

电　　话 / (010) 68914026（教材售后服务热线）
　　　　　　　(010) 63726648（课件资源服务热线）

网　　址 / http：//www. bitpress. com. cn

版 印 次 / 2025 年 1 月第 1 版第 1 次印刷

印　　刷 / 河北盛世彩捷印刷有限公司

开　　本 / 787 mm × 1092 mm　1/16

印　　张 / 11. 5

字　　数 / 267 千字

定　　价 / 59. 80 元

前言

党的二十大报告提出，"加快发展数字经济，促进数字经济和实体经济深度融合，打造具有国际竞争力的数字产业集群"。随着云时代的来临，移动互联网、电子商务、物联网以及社交媒体快速发展，全球的数据正在呈几何速度爆发性地增长。为了健全网络综合治理体系，推动形成良好的网络生态，统筹网络信息体系的建设和运用，大数据吸引了越来越多的人关注。此时，数据已成为与物质资产及人力资本同样重要的基础生产要素，如何对这些海量的数据进行存储、分析和处理成为热门的研究课题。基于这种需求，众多分布式系统应运而生。

各类大数据平台中，Hadoop 是大家比较熟悉，也是应用相对普及的系统。其提供了分布式存储系统和分布式计算框架，有效解决了海量数据的存储和分析处理问题，因此，基于 Hadoop 的各种大数技术得到了广泛应用和普及。自 2006 年问世以来，Hadoop 作为大数据技术的核心和事实标准，在国内外各个企业中得到了广泛应用，对于要向大数据方向发展的读者而言，学习 Hadoop 是一个非常好的选择。

本书基于 Hadoop 3. X，循序渐进地介绍 Hadoop 的相关知识以及 Hadoop 生态体系中常用的开源大数据项目。本书共 7 章，其中，第 1 章主要带领读者了解大数据和 Hadoop 的基本理论知识；第 2 章主要演示如何在 VMware Workstation 操作系统中，为 CentOS 的虚拟机分别基于伪分布式模式和完全分布式模式部署 Hadoop，并通过一个简单的案例介绍 Hadoop 的使用；第 3、4 章主要讲解 Hadoop 的 3 个核心组件——HDFS、MapReduce 和 YARN 的原理，并利用这 3 个核心组件实现分布式存储和分布式计算；第 5 ~ 7 章主要讲解 Hadoop 生态体系中常用的开源大数据项目的原理和使用，包括 ZooKeeper 分布式协调服务、数据仓库以及 Hive 的基本操作等。通过一个个完整的实训项目，让学生能够灵活地运用 Hadoop 及其生态体系的开源大数据项目，从而具备开发简单项目的能力。在学习过程中，如果读者在理解知识点的过程中遇到困难，建议不要纠结于某个知识点，可以继续往后学习。通常来讲，通过逐渐深入的学习，前面不懂和疑惑的知识点慢慢就能够理解了。

本节由辽宁建筑职业学院夏俊博老师及沈阳职业技术学院李晶老师共同完成，其中，第 1 ~ 6 章由夏俊博老师完成，第 7 章由李晶老师完成。

目 录

第 1 章

大数据概述

大数据概述与特点

引言

"遥知百国微茫外,未敢忘危负岁华。"一首《过文登营》抒发了戚继光抗击来犯的决心,也表达了中华儿女保家卫国的坚定信念,还警醒吾辈时刻保持危机感和使命感。国家安全是安邦定国的支柱和基石,是人民福祉的最根本保障!然而国家安全离我们并不遥远。2013 年震惊世界的棱镜门事件让世人清醒:危机就在身边。电邮、即时消息、视频、照片、存储数据、语音聊天、文件传输、视频会议、登录时间和社交网络资料的细节等各种数据,都是该事件的监控范围,而且涉及的国家有 35 个之多。造成这个局面的原因之一,就是相关的产业与技术依赖或部分依赖他人。事实证明,产业自主、技术独立是维护国家荣誉、保卫国家安全的重要因素。

1.1 大数据简介

我国大数据产业从萌芽到如今初具规模,已走过将近 20 个年头。"十四五"之后大数据产业进入了更深层次的发展阶段。大数据在医疗、工业、交通、信息、政务等领域的融合应用技术不断更新迭代,智融万物的属性从理论变成现实。

目前全球已经有超过 60 个国家和地区大力布局大数据发展,投入巨大人力、物力,这足以显示出大数据技术在未来科技行业有举足轻重的地位。

大数据行业上游是基础支撑层,主要包括网络设备、计算机设备、存储设备等硬件供应,此外,相关云计算资源管理平台、大数据平台建设也属于产业链上游;大数据行业中游立足海量数据资源,围绕各类应用和市场需求,提供辅助性的服务,包括数据交易、数据资产管理、数据采集、数据加工分析、数据安全,以及基于数据的 IT 运维等;大数据行业下游则是大数据应用市场,随着我国大数据研究技术水平的不断提升,目前,我国大数据已广泛应用于政务、工业、金融、交通、电信和空间地理等行业。

大数据到来,对国家治理、企业决策和个人生活都产生了深远的影响,并将成为云计算、物联网之后信息技术产业领域又一重大创新变革。未来的十年将是一个"大数据"引领的智慧科技的时代,随着社交网络的逐渐成熟,移动带宽迅速提升,云计算、物联网应用更加丰富,更多的传感设备、移动终端接入网络,由此而产生的数据及增长速度将比历史上的任何时期都要多、都要快。

"大数据"（Bigdata）是一个涵盖多种技术的概念，简单地说，是指无法在一定时间内用常规软件工具对其内容进行抓取、管理和处理的数据集合。大数据技术描述了一种新一代技术和构架，用于以很经济的方式，以高速的捕获、发现和分析技术，从各种超大规模的数据中提取价值，而且未来急剧增长的数据迫切需要寻求新的处理技术手段。在"大数据"时代，通过互联网、社交网络、物联网，人们能够及时、全面地获得大信息。同时，信息自身存在形式的变化与演进，也使得作为信息载体的数据以远超人们想象的速度迅速膨胀。

如果从字面意思来看，"大数据"指的是巨量数据。那么可能有人会问，多大量级的数据才叫"大数据"？不同的学者有着不同的理解，只能说，"大数据"计量单位已经超过 TB 级别，已发展到 PB、EB、ZB、YB 甚至是 BB 级别。

最早提出"大数据"这一概念的全球知名咨询公司麦肯锡的定义："大数据"是指在一定时间内无法用传统数据库软件工具采集、存储、管理和分析其内容的数据集合。

研究机构 Gartner 是这样定义"大数据"的："大数据"是需要新处理模式才能具有更强的决策力、洞察发现力和流程优化能力的海量、高增长率和多样化的信息资产。

若从技术角度来看，大数据技术的战略意义不在于掌握庞大的数据信息，而在于对这些含有意义的数据进行专业化处理。如果把大数据比作一种产业，那么这种产业实现盈利的关键在于提高对数据的"加工能力"，通过"加工"实现数据的"增值"。

1.2　大数据特点

一般认为，大数据主要具有规模性（volume）、多样性（variety）、高速性（velocity）、价值性（value）以及真实性（veracity），即 5V 特征。

1. 规模性（volume）
大数据的特征首先就是数据规模大。

从前的 MP3 时代，一个小小的 MB 级别的 MP3 就可以满足很多人的需求，然而，随着信息技术的高速发展，数据开始爆发性增长，存储单位从过去的 GB 到 TB，乃至现在的 PB、EB 级别。社交网络（微博、推特、脸书）、移动网络、各种智能工具、服务工具等，都成为数据的来源。

淘宝网近 4 亿的会员每天产生的商品交易数据约 20 TB；脸书约 10 亿的用户每天产生的日志数据超过 300 TB。因此，需要智能的算法、强大的数据处理平台和新的数据处理技术，来统计、分析、预测和实时处理如此大规模的数据。

数据相关计量单位的换算关系见表 1-1。

表 1-1

单位	换算公式	单位	换算公式
B	1 B = 8 bit	TB	1 TB = 1 024 GB
KB	1 KB = 1 024 B	PB	1 PB = 1 024 TB

续表

单位	换算公式	单位	换算公式
MB	1 MB = 1 024 KB	EB	1 EB = 1 024 PB
GB	1 GB = 1 024 MB	ZB	1 ZB = 1 024 EB

2. 多样性(variety)

广泛的数据来源,决定了大数据形式的多样性。大数据可以分为以下三类:

一是结构化数据,指的是可以使用关系型数据库表示和存储,表现为二维形式的数据。一般特点是:数据以行为单位,一行数据表示一个实体的信息,每一行数据的属性是相同的。如财务系统数据、信息管理系统数据、医疗系统数据等。

二是非结构化数据,指的是数据结构不规则或不完整,没有预定义的数据模型,不方便用数据库二维逻辑表来表现的数据。如视频、图片、音频等。

三是半结构化数据,指的是结构化数据的一种形式,它并不符合关系型数据库或其他数据表的形式关联起来的数据模型结构,但包含相关标记,用来分隔语义元素以及对记录和字段进行分层。因此,它也被称为自描述的结构。半结构化数据,属于同一类的实体可以有不同的属性,即使它们被组合在一起,这些属性的顺序并不重要。如 HTML 文档、XML 文档、JSON 数据、邮件、网页等。

3. 高速性(velocity)

数据的增长速度和处理速度是大数据高速性的重要体现。与以往的报纸、书信等传统数据载体生产传播方式不同,在大数据时代,大数据的交换和传播主要是通过互联网和云计算等方式实现的,其生产和传播数据的速度是非常迅速的。

另外,海量数据的背后带来的是更大的挑战,如何快速计算分析大数据已经成为当下热门的话题。例如,我们经常使用百度搜索去查找自己想要了解的内容,百度在成千上万的结果中以毫秒级速度找到符合关键词的选项,这就是大数据的高速处理能力。

4. 价值性(value)

大数据的核心特征是价值,其实价值密度的高低和数据总量的大小是成反比的,即数据价值密度越高,数据总量越小;数据价值密度越低,数据总量越大。

任何有价值的信息的提取依托的都是海量的基础数据。当然,目前大数据背景下有一个未解决的问题,那就是如何通过强大的机器算法更迅速地在海量数据中完成数据的价值提纯。

5. 真实性(veracity)

真实性,其实就是数据的质量,海量数据并不一定都能反映用户真实的行为信息或者客观事物的真实信息。以网页访客数据为例,很多网站为了赚取更多的广告费用,会使用作弊机器人对广告进行单击,这样其实就造成了作弊流量,而这些流量并不能反映用户的真实需求。

可以看出,大数据产业的发展连接了各行各业。掌握好大数据技术,是青年一代能为中华民族伟大复兴做出贡献的有力支撑。而学好大数据技术,一个必备的基础,就是 Hadoop。

1.3　Hadoop 简介

Hadoop 特性

1.3.1　Hadoop 功能

Hadoop 是 Apache 软件基金会旗下的一个开源的分布式计算平台。

Hadoop 提供的功能:利用服务器集群,根据用户的自定义业务逻辑,对海量数据进行分布式处理。主要通过 Hadoop 的两大核心 HDFS 和 MapReduce 处理海量数据的存储和海量数据的分析计算问题。

1.3.2　Hadoop 核心组件

(1)Common(基础组件):JNDI(Java 命名和目录接口)和 RPC(远程过程调用)。

(2)HDFS(Hadoop Distributed File System,分布式文件系统):HDFS 是以分布式进行存储的文件系统,主要负责集群数据的存储与读取。

(3)MapReduce[Map(映射)和 Reduce(归纳)分布式运算编程框架]:MapReduce 是一种计算模型,用于大规模数据集(大于 1 TB)的并行计算。Map 对数据集上的独立元素进行指定的操作,生成键值对形式中间结果;Reduce 则对中间结果中相同"键"的所有"值"进行归约,以得到最终结果。

(4)YARN(Yet Another Resource Negotiator,运算资源调度系统):Hadoop 2. X 中的资源管理器可以为上层应用提供统一的资源管理和调度,它的引入为集群在利用率、资源统一管理和数据共享等方面带来了巨大好处。

Hadoop 1. X 的内核主要由分布式存储系统(HDFS)和分布式计算框架(MapReduce)两个系统组成,而 Hadoop 2. X 主要新增了资源管理框架 YARN。

Hadoop 1. X 生态几乎是以 MapReduce 为核心的,但是慢慢地发展,其扩展性差、资源利用率低、可靠性等问题愈加明显,于是才产生了 YARN,并且 Hadoop 2. X 生态都是以 YARN 为核心。

1.3.3　Hadoop 产生背景

1. Hadoop 创始人

Hadoop 是由 Apache Lucence 创始人 Doug Cutting(图 1 - 1)创建的,Lucence 是一个应用广泛的文本搜索系统库。

Hadoop 是源自 2002 年的 ApacheNutch 项目的一个开源网络搜索引擎,也是 Lucence 项目的一部分。在 2002 年的时候,Nutch 项目遇到了棘手的难题,该搜索引擎框架无法扩展到拥有数十亿网页的网络。

在 2003 年和 2004 年,Google 分别公布了 GFS 和 MapReduce 两篇论文。Doug Cutting 和 Mike Cafarella 发现这与他们的想法不尽相同,且更加完美,完全脱离了人工运维的状态,实现了自动化。

图 1 - 1

在经过一系列周密考虑和详细总结后,2006 年,Doug Cutting 放弃创业,随后几经周折加入了 Yahoo 公司(Nutch 项目的部分也被正式引入),机缘巧合下,他以自己儿子的一个玩具大象的名字 Hadoop 命名了该项目。当系统进入 Yahoo 以后,项目逐渐发展并成熟了起来。首先是集群规模,从最开始能支持几十台机器的规模发展到能支持上千个节点的机器,中间做了很多工程性质的工作;然后是除搜索以外的业务开发,Yahoo 逐步将自己广告系统的数据挖掘相关工作也迁移到了 Hadoop 上,使 Hadoop 系统进一步成熟化了。

2007 年,纽约时报在 100 个亚马逊的虚拟机服务器上使用 Hadoop 转换了 4 TB 的图片数据,加深了人们对 Hadoop 的印象。

2008 年 4 月,Hadoop 打破世界纪录,成为最快排序 1 TB 数据的系统,它采用一个由 910 个节点构成的集群进行运算,排序只用了 209 s。

在 2009 年 5 月,Hadoop 更是把 1 TB 数据排序时间缩短到 62 s。

2011 年,Yahoo 将 Hadoop 团队独立出来,成立了一个子公司 Hortonworks,专门提供 Hadoop 相关的服务。

Hadoop 从此名声大噪,迅速发展成为大数据时代最具影响力的开源分布式开发平台,并成为事实上的大数据处理标准。

2. Hadoop 特性

Hadoop 是一个能够让用户轻松架构和使用的分布式计算的平台。用户可以轻松地在 Hadoop 上运行处理海量数据的应用程序。其优点主要有以下几个。

(1)高可靠性:数据存储多个备份,集群设置在不同机器上,可以防止一个节点宕机造成集群损坏。当数据处理请求失败后,Hadoop 会自动重新部署计算任务。Hadoop 框架中有备份机制和校验模式,Hadoop 会对出现问题的部分进行修复,也可以通过设置快照的方式在集群出现问题时回到之前的一个时间点。

(2)高扩展性:Hadoop 是在可用的计算机集群间分配数据并完成计算任务的。为集群添加新的节点并不复杂,所以集群可以很容易进行节点的扩展,扩大集群。

(3)高效性:Hadoop 能够在节点之间动态地移动数据,并保证各个节点的动态平衡,因此处理速度非常快。

(4)高容错性:Hadoop 的分布式文件系统 HDFS 在存储文件时会在多个节点或多台机器上存储文件的备份副本,当读取该文档出错或者某一台机器宕机了,系统会调用其他节点上的备份文件,保证程序顺利运行。如果启动的任务失败,Hadoop 会重新运行该任务或启用其他任务来完成这个任务没有完成的部分。

(5)低成本:Hadoop 是开源的,不需要支付任何费用即可下载并安装使用,节省了软件购买的成本。

(6)可构建在廉价的机器上:Hadoop 不要求机器的配置达到极高的水准,大部分普通商用服务器就可以满足要求,它通过提供多个副本和容错机制来提高集群的可靠性。

(7)Hadoop 基本框架用 Java 语言编写:Hadoop 含有使用 Java 语言编写的框架,因此运行在 Linux 生产平台上是非常理想的。

1.4　分布式集群

1.4.1　集群

计算机集群简称集群,是一种计算机系统,它通过一组松散集成的计算机软件和硬件连接起来,高度紧密地协作,来完成计算工作。在某种意义上,它们可以被看作一台计算机。集群系统中的单个计算机称为节点,通常通过局域网连接,但也有其他的连接方式。集群计算机通常用来改进单个计算机的计算速度和可靠性。一般情况下,集群计算机比单个计算机,比如工作站或超级计算机性能价格比要高得多。

集群特点是通过多台计算机共同完成同一项工作,达到更高的效率。两台或多台机器同时工作。如果一台机器出现故障,另一台机器可以起作用。

用一个通俗易懂的例子来解释:一家餐馆,只聘请了一位厨师张三,配菜、切菜、备料、炒菜,一个人全包了。后来生意越来越好,张三忙不过来,于是再聘请了一位厨师李四,张三和李四两人一起负责厨房一切事宜,他俩的关系是集群。张三有时候有事请假了,没事,还有李四在。

集群的优点是本来只有一个人在干活,现在有两个人了,分担了压力。要是有一人请假了,没关系,还有另一位在呢。就是说,同一个业务,部署在多个服务器上。

1.4.2　分布式

分布式系统是一组计算机,通过网络相互连接传递消息与通信,并协调它们的行为而形成的系统。组件之间彼此进行交互,以实现一个共同的目标。

用上面的例子再来阐述一下:为了让张三、李四他们专心炒菜,又请了一个配菜师王五来分担工作,主要负责切菜、备菜、备料,共同完成厨房的事务。王五和张三、李四他们是分布式关系。所以,分布式是一个业务分拆成多个子业务,部署在不同的服务器上。

1.4.3　集群和分布式的区别

(1)从解决问题的角度看:分布式是以缩短单个任务的执行时间来提升效率的;集群则是通过提高单位时间内执行的任务数来提升效率。

(2)从软件部署的角度看:分布式是指将不同的业务分布在不同的地方;集群则是将几台服务器集中在一起,实现同一业务。分布式中的每一个节点,都可以做集群,集群并不一定就是分布式的。

综上所述,一个较为理想的分布式集群应该是这样的:一个分布式系统,是由多个节点组成的,各节点都是集群化,并且每个集群还是分布式的。

1.4.4　负载均衡

集群服务器之间进行分工,需要借助负载均衡。

负载均衡是指将请求分摊到多个操作单元也就是分开部署的服务器上,Nginx 是常用的反向代理服务器,可以用来做负载均衡。集群与负载均衡之间有紧密联系,可以结合理解。

负载均衡的本质和分布式系统一样,是分治。由一个独立的统一入口来收敛流量,再做二次分发的过程就是负载均衡。

均衡的背后是策略在起作用,而策略的背后是某些算法或者逻辑在起作用。

最常见负载均衡策略如下:

1. 轮询

轮询是最常用也是最简单的策略,平均分配,人人都有,一人一次。作为最简单的一种负载均衡策略,轮询的优点显而易见,简单,并且在多数情况下基本适用(一般部署的线上集群机器,大部分的配置比较相近,差距不会那么大,因此使用轮询是一种可以接受的方案)。

2. 加权轮询

在轮询的基础上,增加了一个权重的概念。权重是一个泛化后的概念,可以用任意方式来体现,本质上是能者多劳的思想。比如,可以根据宿主机的性能差异配置不同的权重。

轮询算法并没有考虑每台服务器的处理能力,实际中可能并不是这种情况。由于每台服务器的配置、安装的业务应用等不同,其处理能力会不一样。所以,加权轮询算法的原理就是:根据服务器的不同处理能力,给每个服务器分配不同的权值,使其能够接受相应权值数的服务请求。

3. 最快响应

这也是一种动态负载均衡策略,它的本质是根据每个节点对过去一段时间内的响应情况来分配,响应越快,分配得越多。

4. Hash 法

Hash 法的负载均衡与之前几种的不同在于,它的结果是由客户端决定的。通过客户端带来的某个标识经过一个标准化的散列函数进行打散分摊。

Hash 法主要用来对请求的 IP 地址或者 URL 计算一个哈希值,然后与集群节点的数量进行取模,来决定将请求分发给哪个集群节点。这种哈希算法实现简单,并且在集群节点数量不变的情况下,能够将相同 IP 地址的请求分发给相同的机器处理。但是如果集群节点发生变化,则会对集群的所有节点产生影响,如可能导致某个性能较低的节点突然接收到大量请求,从而影响集群的整体稳定性。

项目实践

"工欲善其事,必先利其器。"为顺利完成各个实训环节,请大家动手,在本地计算机上安装一个你熟悉的操作系统,可以是 Windows 10(台式计算机),也可以是 Windows 11(便携式计算机),并调通其网络,记录好本地计算机的 IP 地址。注意,需要关闭你的防火墙。

本章习题

一、填空题

1. 广泛的数据来源决定了大数据形式的多样性。大数据可以分为三类,分别为结构化数据、半结构化数据和_____。

2. Hadoop 2. X 的核心组件有 HDFS、MapReduce 和_____。

3. 负载均衡的本质和分布式系统一样,是_____。

4. 网站分析的主要手段是分析网站的_____数据。

二、选择题

1. 下列选项中,对"大数据"理解有误的是(   )。

A. "大数据"是指利用传统数据库软件工具采集、存储、管理和分析其内容的数据集合

B. 从字面意思来看,"大数据"指的是巨量数据

C. 从技术角度来看,大数据技术的战略意义不在于掌握庞大的数据信息,而在于对这些含有意义的数据进行专业化处理

D. 就其定义而言,"大数据"是一个较为抽象的概念,至今尚无确切、统一的定义,各方对"大数据"给出了 10 余种不同的定义

2. 下列属于大数据特征的是(   )。

A. 规模性   B. 价值性   C. 移植性   D. 嵌入性

3. 下列选项中,(   )是 Hadoop 的创始人。

A. TOM   B. Doug Cutting

D. Linus Benedict Torvalds   D. Angela

4. 下列选项中,对于 Hadoop 的特性说法有误的是(   )。

A. 高可靠性   B. 高成本

C. 高效性   D. 要求机器的配置达到极高水准

5. 下列示例中,(   )体现了分布式的概念。

A. 餐馆里的所有厨师

B. 厨师和配菜师

C. 前端工程师和后端工程师

D. 现代乐队主唱与贝斯手

6. 下列选项中,对分布式的理解有误的是(   )。

A. 从解决问题的角度看,分布式是以缩短单个任务的执行时间来提升效率的

B. 从软件部署的角度看,分布式是将几台服务器集中在一起,实现同一业务

C. 分布式中的每一个节点都可以做集群,集群并不一定就是分布式的

D. "分布式"解决问题的思路是:将大任务分布为多个小任务

7. 在数据采集阶段,可以定制开发采集程序或使用开源框架 Flume,将各服务器上生成的

单击流日志通过实时或批量的方式汇聚到(　　)中。

　　A. MapReduce　　　　B. YARN　　　　　　C. HDFS　　　　　　D. ECharts

8. (　　),即页面浏览量或单击量,用户每打开一个页面,就被记录1次。

　　A. 独立 IP 数　　　　B. UV　　　　　　C. session　　　　　　D. PV

本章习题答案：

一、填空题

1. 非结构化数据
2. YARN
3. 分治
4. 单击流

二、选择题

1. A(解析:"大数据"是指在一定时间内无法用传统数据库软件工具采集、存储、管理和分析其内容的数据集合。)

2. AB(解析:大数据主要具有 5 个方面的典型特征,即规模性(volume)、多样性(variety)、高速性(velocity)、价值性(value)以及真实性(veracity),即所谓的5V。)

3. B(解析:James Gosling 是 Java 的创始人,Gudio van Rossum 是 Python 的创始人,Linus Benedict Torvalds 是 Linux 的创始人。)

4. BD(解析:B. 低成本获得高价值;D. 可构建在廉价的机器上,不要求机器的配置达到极高的水准。)

5. BCD(解析:餐馆里的所有厨师体现了"集群"的概念。)

6. B(解析:从软件部署的角度看,分布式是指将不同的业务分布在不同的地方;集群则是指将几台服务器集中在一起,实现同一业务。)

7. C(解析:A. MapReduce 是在进行离线大数据处理时经常要使用的计算模型;B. YARN 是一种新的 Hadoop 资源管理器;C. HDFS 为分布式文件系统,用于数据的存储;D. ECharts 是一个数据可视化工具。)

8. D(解析:A. 独立 IP 数:一天之内,访问网站的不同独立 IP 个数加和;B. UV:即唯一访客数,一天之内网站的独立访客数(以 cookie 为依据),一天之内同一访客多次访问网站只计算1 个访客;C. session:即会话,所谓的会话过程,就是指从打开浏览器到关闭浏览器的过程。)

第 2 章

Hadoop集群搭建

引言

"危楼高百尺,手可摘星辰。"李白运用如此夸张的手法写下的《夜宿山寺》,在表达诗人对美好生活的向往的同时,也侧面看出中国古建筑有着悠久的历史和光辉的成就。更有杜牧对阿房宫的细致描绘:"盘盘焉,囷囷焉,蜂房水涡,矗不知其几千万落!长桥卧波,未云何龙?复道行空,不霁何虹?高低冥迷,不知西东。歌台暖响,春光融融;舞殿冷袖,风雨凄凄。一日之内,一宫之间,而气候不齐。"虽然《阿房宫赋》是用来借古讽今,但我们从此段描绘中仍能看出古人在建筑艺术上的伟大成就。而建筑,狭义上讲,就是一个框架。

再来看一下 Hadoop。Hadoop 是一个提供分布式存储和计算的开源软件框架,所以,Hadoop 可以像杜甫所希望的"大庇天下寒士"那样,用于存储、管理海量数据。同时,这个框架还可以为其他的软件提供环境,就像阿房宫那样,形成一个建筑群,使 Hadoop 的功能更加丰富。

接下来,我们开始第一步:准备环境。

2.1 VMware 安装

VMware 安装

2.1.1 VMware 下载

(1)单击 VMware 官网进入官网,如图 2 – 1 所示;单击"产品",如图 2 – 2 所示。

图 2 – 1

图 2 – 2

（2）鼠标向下滑，单击"使用 VMware Workstation Pro 针对任何平台进行构建和测试"栏下的"下载试用版"，如图 2 - 3 所示；然后单击"Workstation 17 Pro for Windows"栏下的"DOWNLOAD NOW"之后开始下载 VMware，如图 2 - 4 所示。

图 2 - 3

图 2 - 4

（3）从自己的计算机里找到刚下载的文件，开始安装。

2.1.2　安装 VMware

（1）双击刚下载好的文件后，单击"下一步"按钮，如图 2 - 5 所示；选择"我接受许可协议中的条款"，如图 2 - 6 所示。

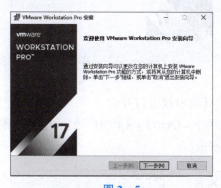

图 2 - 5

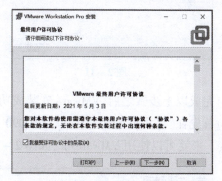

图 2 - 6

（2）首先更改安装路径，如图 2 - 7 所示；之后就一直单击"下一步"按钮，如图 2 - 8、图 2 - 9 所示；直至出现如图 2 - 10 所示界面，单击"安装"按钮。

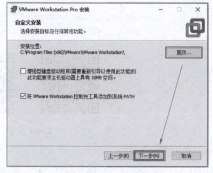

图 2 - 7

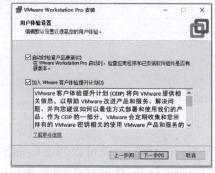

图 2 - 8

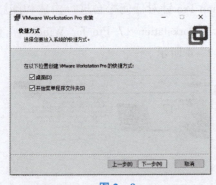

图 2 - 9

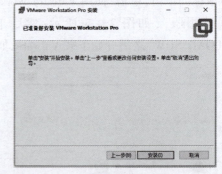

图 2 - 10

（3）等待安装过程，如图 2 - 11 所示；最后单击"完成"按钮，如图 2 - 12 所示。

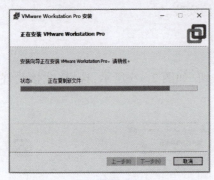

图 2 - 11

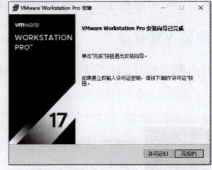

图 2 - 12

（4）完成以上步骤之后，VMware 安装成功，从桌面中双击打开它。

（5）首先在"许可证密钥"中填写"JU090 - 6039P - 08409 - 8J0QH - 2YR7F"，如图 2 - 13 所示；接下来就可以使用 VMware 了，如图 2 - 14 所示。

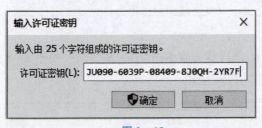

图 2 - 13

图 2 - 14

Linux 安装

2.2　Linux 安装

有了 VMware 环境后，就可以创建 CentOS Linux 虚拟机了。

（1）双击打开软件，单击"创建新的虚拟机"，如图 2 - 15 所示；选择"自定义"，如图 2 - 16 所示。

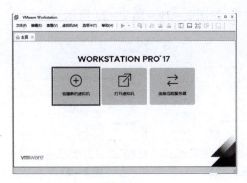

图 2 – 15

图 2 – 16

（2）选择虚拟机硬件兼容性，如图 2 – 17 所示；选择镜像文件，如图 2 – 18 所示。

图 2 – 17

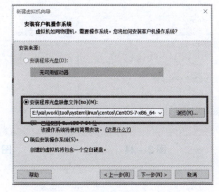

图 2 – 18

（3）设置用户名和密码，如图 2 – 19 所示；设置虚拟机名称和安装路径，如图 2 – 20 所示。

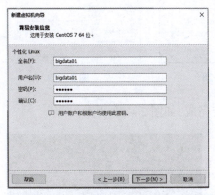

图 2 – 19

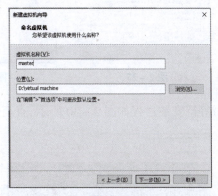

图 2 – 20

(4)设置处理器数量、虚拟内存和虚拟网络,如图 2-21 ~ 图 2-23 所示。

图 2-21　　　　　　　　　图 2-22　　　　　　　　　图 2-23

(5)选择 I/O 控制器、虚拟磁盘类型、磁盘,指定磁盘容量、磁盘文件,最后设置完成,如图 2-24 ~ 图 2-29 所示。

图 2-24　　　　　　　　　图 2-25　　　　　　　　　图 2-26

图 2-27　　　　　　　　　图 2-28　　　　　　　　　图 2-29

(6)等待安装过程如图 2-30 所示;直至安装完成,如图 2-31 所示。

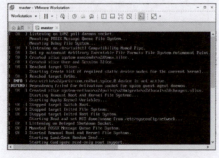 

图 2-30　　　　　　　　　　　　　　　图 2-31

2.3　Linux 环境基本设置

Linux 环境基本设置

2.3.1　使用 root 账号登录

（1）在登录界面选择"Not listed?"选项，User name 使用 root，单击"Next"按钮，如图 2 – 32、图 2 – 33 所示。

图 2 – 32

图 2 – 33

（2）密码输入"123456"，单击"Sign In"，进入欢迎界面，选择"汉语中国"，如图 2 – 34、图 2 – 35 所示。

图 2 – 34

图 2 – 35

（3）输入选择"汉语"，单击"前进"按钮，选择在线账号，单击"跳过"按钮，如图 2 – 36、图 2 – 37 所示。

图 2 – 36

图 2 – 37

（4）一切准备就绪，开始使用 CentOS Linux，进入桌面后，单击右上角的 ⏻ ▾，单击"设置"按钮 ❈，如图 2 - 38、图 2 - 39 所示。

图 2 - 38

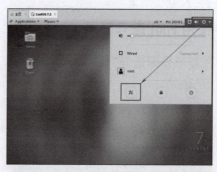

图 2 - 39

（5）单击"Region & Language"选项，Language 选择"汉语（中国）"，如图 2 - 40、图 2 - 41 所示。

图 2 - 40

图 2 - 41

（6）单击"现在重启"按钮，单击"Log Out"按钮，如图 2 - 42、图 2 - 43 所示。

图 2 - 42

图 2 - 43

(7)重新登录后,单击"更新名称"按钮,如图 2-44、图 2-45 所示。

图 2-44　　　　　　　　　　　　　图 2-45

修改时区

2.3.2　修改时区

(1)执行以下命令安装 tzdata 软件包,并确认安装,如图 2-46、图 2-47 所示。

```
yum install tzdata
```

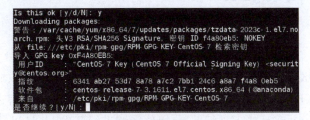

图 2-46　　　　　　　　　　　　　图 2-47

(2)确认继续安装,输入"y",如图 2-48 所示。

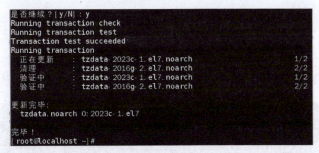

图 2-48

(3)输入 date 命令,查看当前时区如图 2-49 所示。

图 2-49

可以看到当前时区为"PDT",也就是美国。选择所需对应的时区:timedatectl list-timezones。此命令可以使用 grep 来筛选对应地区的时区,例如,timedatectl list-timezones | grep Asia/Shanghai。

(4)通过 timedatectl set-timezone Asia/Shanghai 命令设置时区,将"Asia/Shanghai"替换为当前的时区,如图 2-50 所示。

```
[root@localhost ~]# timedatectl set-timezone Asia/Shanghai
[root@localhost ~]#
```

图 2-50

(5)执行 date 命令来验证是否成功修改了时区,如图 2-51 所示。

```
[root@localhost ~]# date
Sun Jul 23 12:15:08 CST 2023
```

图 2-51

可以看到时区为"CST",即 China Standard Time Central Standard Time。

2.4 安装 JDK

安装 JDK

2.4.1 什么是 JDK

JDK(Java Development Kit)是 Sun 公司(后被 Oracle 收购)推出的面向对象程序设计语言的开发工具包,拥有这个工具包之后,就可以使用 Java 语言进行程序设计和开发。

在 Linux 环境下进行部署,以便能够进行开发,并且以压缩包解压的方式进行安装,之所以不用 rpm 方式安装,主要是为了能够在所有 Linux 系统上都通用,rpm 和 deb 在 Red Hat 和 Debian 旗下的 Linux 系统上安装,而且会有互相转换的问题,但是用压缩包就没有这个问题了。

2.4.2 查看当前 JDK 版本

(1)查看当前系统中已经存在的 JDK 版本,输入命令:java-version,如图 2-52 所示。

```
[hadoop@localhost ~]$ java -version
openjdk version "1.8.0_102"
OpenJDK Runtime Environment (build 1.8.0_102-b14)
OpenJDK 64-Bit Server VM (build 25.102-b14, mixed mode)
```

图 2-52

(2)本节为练习本地安装 JDK,现将自带的 OpenJDK 卸载。首先使用 rpm-qa | grep java

命令查看当前系统中 JDK 的安装情况,如图 2 – 53 所示。

```
[root@localhost ~]# rpm -qa | grep java
javapackages-tools-3.4.1-11.el7.noarch
java-1.8.0-openjdk-headless-1.8.0.102-4.b14.el7.x86_64
java-1.7.0-openjdk-headless-1.7.0.111-2.6.7.8.el7.x86_64
tzdata-java-2016g-2.el7.noarch
java-1.8.0-openjdk-1.8.0.102-4.b14.el7.x86_64
java-1.7.0-openjdk-1.7.0.111-2.6.7.8.el7.x86_64
python-javapackages-3.4.1-11.el7.noarch
```

图 2 – 53

命令说明:

rpm:管理套件。

– qa:使用询问模式,查询所有套件。

grep:查找文件里符合条件的字符串。

java:查找包含 java 字符串的文件。

(3)删除文件。这里删除带 OpenJDK 字样的文件即可,通过 rpm – e – – nodeps 后面跟系统自带的 JDK 名这个命令来删除系统自带的 JDK,如图 2 – 54 所示。

```
[root@localhost ~]# rpm -e --nodeps java-1.8.0-openjdk-headless-1.8.0.102-
4.b14.el7.x86_64 java-1.7.0-openjdk-headless-1.7.0.111-2.6.7.8.el7.x86_64
java-1.8.0-openjdk-1.8.0.102-4.b14.el7.x86_64 java-1.7.0-openjdk-1.7.0.111
-2.6.7.8.el7.x86_64
[root@localhost ~]#
```

图 2 – 54

命令说明:

rpm:管理套件。

– e:删除指定的套件。

– – nodeps:不验证套件间的相互关联性。

再次查看当前 JDK 是否删除成功:java-version,如图 2 – 55 所示。

```
[root@localhost ~]# java -version
bash: /usr/bin/java: 没有那个文件或目录
[root@localhost ~]#
```

图 2 – 55

删除完毕,接下来开始安装。

2.4.3　安装 JDK

(1)使用 PSCP 工具将宿主机上的文件传递给虚拟机。首先查看虚拟机 IP 地址,如图 2 – 56 所示。

```
[root@MiWiFi- R4CM- srv ~]# ifconfig
ens33:  flags=4163<UP, BROADCAST, RUNNING, MULTICAST>  mtu 1500
        inet 192.168.31.28  netmask 255.255.255.0  broadcast 192.
168.31.255
```

图 2−56

（2）回到 Win10 宿主机上的命令提示符，进入 JDK 文件所在的路径下，如图 2−57 所示。

```
2023/04/21  08:44        194,545,143  jdk-8u241-linux-x64.tar.gz
2021/12/07  19:01    <DIR>              learn
2018/12/09  09:30          626,744  pscp.exe
2023/04/01  08:49    <DIR>              work
               2 个文件     195,171,887 字节
               6 个目录 216,827,969,536 可用字节

E:\xia>
```

图 2−57

（3）复制 JDK 安装文件，输入命令 pscp jdk−8u241−linux−x64.tar.gz root@192.168.31.28：/usr/local/etc，并输入密码 123456，如图 2−58 所示。

```
E:\xia>pscp jdk-8u241-linux-x64.tar.gz root@192.168.31.28:/usr/local/etc
root@192.168.31.28's password:
```

图 2−58

（4）开始传输，直至 100%，如图 2−59 所示。

```
jdk-8u241-linux-x64.tar.g | 189985 kB | 3799.7 kB/s | ETA: 00:00:00 | 100%
E:\xia>
```

图 2−59

（5）切换到虚拟机，跳转到/usr/local/etc 路径下，输入 ls 命令查看，如图 2−60 所示。

```
[root@MiWiFi- R4CM- srv ~]# cd /usr/local/etc/
[root@MiWiFi- R4CM- srv etc]# ls
jdk- 8u241- linux- x64.tar.gz
```

图 2−60

（6）发现文件已经上传到指定目录，接下来开始准备安装。首先创建/software 目录，输入命令 mkdir/software，如图 2−61 所示。

```
root@MiWiFi- R4CM- srv etc]# mkdir /software
[root@MiWiFi- R4CM- srv etc]#
```

图 2−61

(7)输入解压命令 tar – zxvf jdk – 8u241 – linux – x64. tar. gz – C/software/,然后跳转到/ software 目录下,查看最终结果,如图 2 – 62 所示。

```
[ root@MiWiFi- R4CM- srv etc]# cd /software/
[ root@MiWiFi- R4CM- srv software]# ls
jdk1.8.0_241
[ root@MiWiFi- R4CM- srv software]#
```

图 2 – 62

(8)修改目录名称,输入命令 mv jdk1.8.0_241 jdk,如图 2 – 63 所示。

```
[ root@MiWiFi- R4CM- srv software]# mv jdk1.8.0_241 jdk
[ root@MiWiFi- R4CM- srv software]# ls
jdk
```

图 2 – 63

(9)接下来配置环境变量。

手动安装 JDK,其工作依赖大量的环境变量中的路径。需要设置这样几个环境变量:

①JAVA_HOME:Java 的主目录,压缩包解压缩之后得到的文件夹所在的位置。

②CLASSPATH:Java 提供的标准或公共类库的位置。

③PATH:这是系统的环境变量,告知系统 Java 开发环境被安装在了什么位置,PATH 可以让使用者在任意目录下都可以直接执行 Java 的开发工具比如 javac 等,直接键入 javac 就可以执行,不需要重新键入/software/jdk/bin/javac。

Linux 系统下的环境变量被存储于若干个文件里,其作用范围有所不同,有的只作用于当前用户,而有的作用于全体用户。这里的环境直接对全体用户生效就可以了,所以对/etc/ profile 进行修改。

(10)输入命令 vim/etc/profile,编辑该文件,按 Insert 键,如图 2 – 64 所示。

```
[ root@localhost software]# vim /etc/profile
[ root@localhost software]#
```

图 2 – 64

在该文件中,需要录入相关的环境,其中,JAVA_HOME =/software/jdk 包含了所有和 Java 运行环境相关的内容;bin 是 Java 所有开发工具(通常是可执行的应用程序)所在的目录;lib 里面则是 Java 提供的公共类库。

由此,在该文件中编辑以下内容,如图 2 – 65 所示。

```
export JAVA_HOME = /software/jdk
export CLASSPATH = .: ${JAVA_HOME}/jre/lib/rt.jar: ${JAVA_HOME}/lib/dt.jar:
${JAVA_HOME}/lib/tools.jar
export PATH = $PATH: ${JAVA_HOME}/bin
```

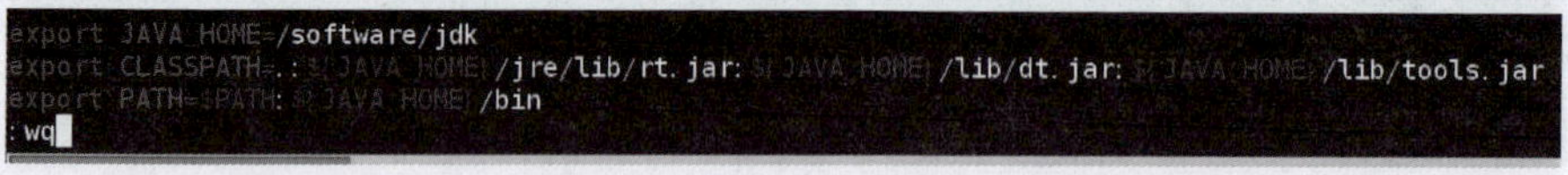

图 2-65

说明：

①在 Linux 中，小数点"."表示当前路径，冒号":"在此表示分隔符。

②在 Linux 及 UNIX 的 sh 中，以 $ 开头的字符串表示的是 sh 中定义的变量，这些变量可以是系统自动增加的，也可以是用户自己定义的。$PATH 表示的是系统的命令搜索路径，和 Windows 的%path%是一样的；$HOME 则表示用户的主目录，也就是用户登录后的工作目录。

③export 是把这几个变量导出为全局变量。

④大小写必须严格区分。

（11）按 Esc 键，输入"：wq"（英文下的冒号）保存退出。不过因为只是写在了文件里，这些环境变量并没有被实际构建到内核中，因此需要使用 source /etc/profile 命令手动执行这个文件。

至此，安装过程全部结束，JDK 可以正常工作了，可以用下面这个指令检验一下：java-version，如果有版本的显示，则表示安装成功，如图 2-66 所示。

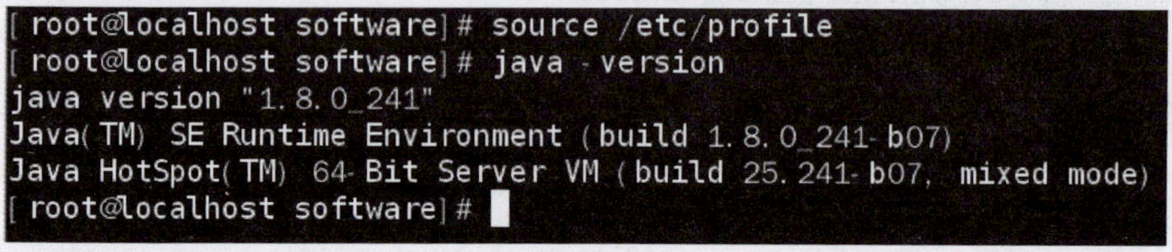

图 2-66

2.5 Hadoop 集群搭建

Hadoop 集群的部署方式分为 3 种，分别是独立模式（Standlone mode）、伪分布或模式（Pseudo – Distributed mode）、完全分布式模式（Cluster mode），具体介绍如下。

1. 独立模式

又称为单机模式，在该模式下，无须运行任何守护进程，所有的程序都在单个 JVM 上执行。独立模式下调试 Hadoop 集群的 MapReduce 程序非常方便，所以，一般情况下，该模式在学习或者开发阶段调试使用。

2. 伪分布式模式

Hadoop 程序的守护进程运行在一台主机节点上,通常使用伪分布式模式来调试 Hadoop 分布式程序的代码,以及程序执行是否正确,伪分布式模式是完全分布式模式的一个特例。

3. 完全分布式模式

Hadoop 的守护进程分别运行在由多台主机搭建的集群上,不同节点担任不同的角色,在实际工作应用开发中,通常使用该模式构建企业级 Hadoop 系统。

在 Hadoop 环境中,所有服务器节点仅划分为两种角色,分别是 master(主节点,1 个)和 slave(从节点,多个)。因此,伪分布式模式是集群模式的特例,只是将主节点和从节点合二为一了。

2.5.1 Hadoop 单机模式安装

Hadoop 单机模式安装

Hadoop 是一个用于处理大数据的分布式集群架构,支持在 GNU/Linux 系统以及 Windows 系统上进行安装使用。在实际开发中,由于 Linux 系统的便捷性和稳定性,更多的 Hadoop 集群是在 Linux 系统上运行的,因此,本教材也针对 Linux 系统上 Hadoop 集群的构建和使用进行讲解。在搭建 Hadoop 集群之前,先练习搭建一个单机模式。

Hadoop 仅作为库存在,可以在单计算机上执行 MapReduce 任务,仅用于开发者搭建学习和试验环境。需要说明的是,命令中的 IP 地址是作者试验的本地地址,各位读者在试验期间,还需使用自己的 IP。具体步骤如下:

(1)将 Hadoop 安装文件 hadoop – 3.1.3. tar. gz 从宿主机传递到虚拟机,如图 2 – 67 所示。

```
pscp hadoop – 3.1.3. tar. gz root@ 192.168.31.28:/usr/local/etc
```

```
E:\xia\23技能大赛相关文件>pscp hadoop-3.1.3.tar.gz root@192.168.31.28:/usr/local/etc
root@192.168.31.28's password:
hadoop-3.1.3.tar.gz          | 330152 kB | 11384.6 kB/s | ETA: 00:00:00 | 100%
```

图 2 – 67

(2)在虚拟机中将该文件解压至/software 目录中,如图 2 – 68 所示。

```
[root@localhost etc]# ls
hadoop-3.1.3.tar.gz  jdk-8u241-linux-x64.tar.gz
[root@localhost etc]# tar -zxvf hadoop-3.1.3.tar.gz -C /software/
```

图 2 – 68

(3)修改 Hadoop 安装目录名称,如图 2 – 69 所示。

```
[root@localhost etc]# cd /software/
[root@localhost software]# ls
hadoop-3.1.3  jdk
[root@localhost software]# mv hadoop-3.1.3 hadoop
[root@localhost software]# ls
hadoop  jdk
```

图 2 – 69

（4）配置 Hadoop 环境变量。

配置环境变量就是在整个运行环境中都可以使用的变量,而路径添加到 PATH(环境变量)类似于在 Windows 平台下将程序添加到注册表。添加某个路径到 PATH 环境变量后,执行该路径下的文件就不需要输入完整的命令路径,而只需要输入命令的文件名。

例如,JDK 的安装目录为/software/jdk,那么要查看 JDK 的版本,需要输入/software/jdk/bin/java-version,但是如果将/software/jdk/bin/配置到 PATH,就只需要输入 java-version。

Linux 环境变量和 Windows 的环境变量一样,分为系统环境变量和用户环境变量,系统环境变量对所有用户有效,而用户环境变量只对当前用户有效。

系统环境变量:对于添加给所有用户的环境变量,直接编辑/etc/bashrc 或者/etc/profile。

用户环境变量:对于添加给某一个用户的环境变量,可以编辑用户/home 目录下的"用户名/. bashrc"或者"用户名/. bash_profile"。

在此处配置系统环境变量,具体步骤如下。

①使用如下命令打开"profile"文件,如图 2 –70 所示。

```
vim /etc/profile
```

```
[root@localhost software]# vim /etc/profile
```

图 2 –70

②在文件尾部添加以下内容,如图 2 –71 所示。

```
export HADOOP_HOME = /software/hadoop
export PATH = $ PATH: $ HADOOP_HOME/bin: $ HADOOP_HOME/sbin
```

```
export HADOOP_HOME=/software/hadoop
export PATH=$PATH: $HADOOP_HOME/bin: $HADOOP_HOME/sbin
: wq
```

图 2 –71

（5）执行 source /etc/profile,如图 2 –72 所示。

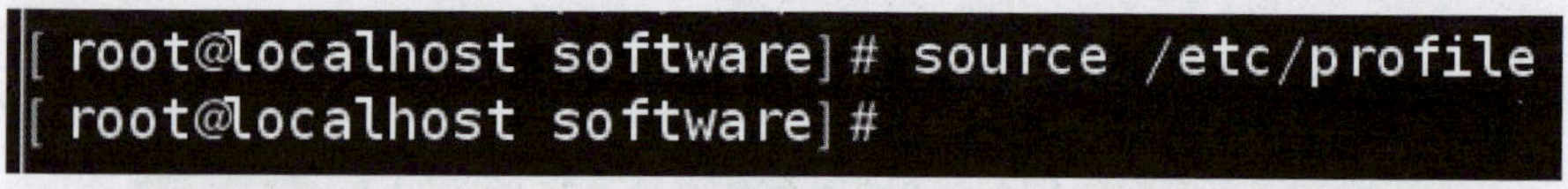

```
[root@localhost software]# source /etc/profile
[root@localhost software]#
```

图 2 –72

（6）查看 Hadoop 版本,检验 Hadoop 安装,如图 2 - 73 所示。

```
[root@localhost software]# hadoop version
Hadoop 3.1.3
Source code repository https://gitbox.apache.org/repos
/asf/hadoop.git - r ba631c436b806728f8ec2f54ab1e289526c
90579
Compiled by ztang on 2019- 09- 12T02:47Z
Compiled with protoc 2.5.0
From source with checksum ec785077c385118ac91aadde5ec9
799
This command was run using /software/hadoop/share/hado
op/common/hadoop- common- 3.1.3.jar
[root@localhost software]#
```

图 2 - 73

（7）运行一个简单的词频统计练习,用 Hadoop 的 MapReduce 自带的 Grep 实例实践一下,同时测试 Hadoop 是否成功安装。实践开始之前,需要了解一下 Grep 实例。Grep（Globally search a Regular Expression and Print）是一种强大的文本搜索工具,它能使用特定模式匹配（包括正则表达式）搜索文本。我们将创建一个 input 目录,并利用这个工具从该目录中匹配到符合正则式“dfs[a - z.] + ”的 xml 文件,自动创建 output 目录并将结果在该目录中输出。

开始前需要检查预设目录下是否存在 output 目录,如果存在,则需要删除后再运行 Grep 实例,否则无法重复创建 output 而导致运行失败。注意:每一次运行实例前,都需要进行该操作。将目录预设为/root,跳转到该目录下并查看,如图 2 - 74 所示。

```
[root@localhost /]# cd ~
[root@localhost ~]# ls
anaconda- ks.cfg        original- ks.cfg      模板    图片    下载    桌面
initial- setup- ks.cfg  公共                  视频    文档    音乐
[root@localhost ~]#
```

图 2 - 74

①新建 data/input 目录,用来存放输入数据,如图 2 - 75 所示。

```
[root@localhost ~]# mkdir - p data/input
[root@localhost ~]# ls
anaconda- ks.cfg  initial- setup- ks.cfg  公共    视频    文档    音乐
data              original- ks.cfg        模板    图片    下载    桌面
[root@localhost ~]#
```

图 2 - 75

②将“/software/hadoop/etc/hadoop”目录下的配置文件复制到 input 目录,并查看 data/input 目录下是否复制成功,如图 2 - 76 所示。

③跳转到/software/hadoop/share/hadoop/mapreduce/目录下,查看是否存在一个 hadoop - mapreduce - examples - 3.1.3.jar 文件,如图 2 - 77 所示。

图 2-76

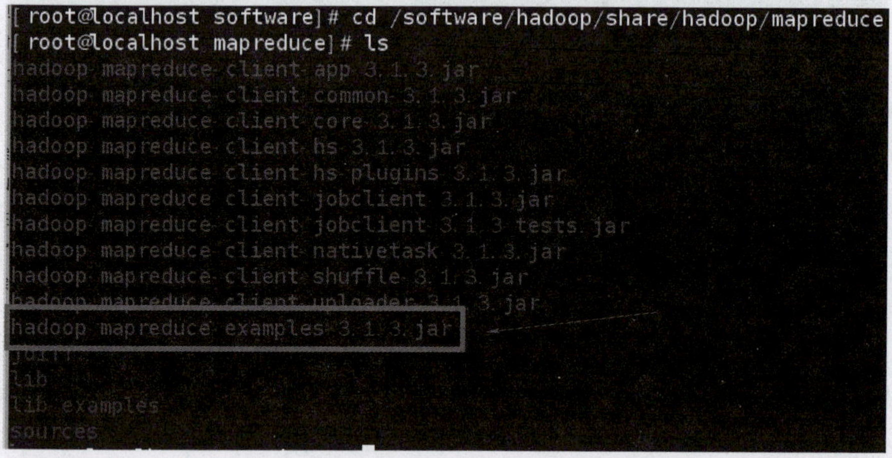

图 2-77

④使用 hadoop jar 命令运行该文件,查看 Grep 实例,结果如图 2-78 所示。

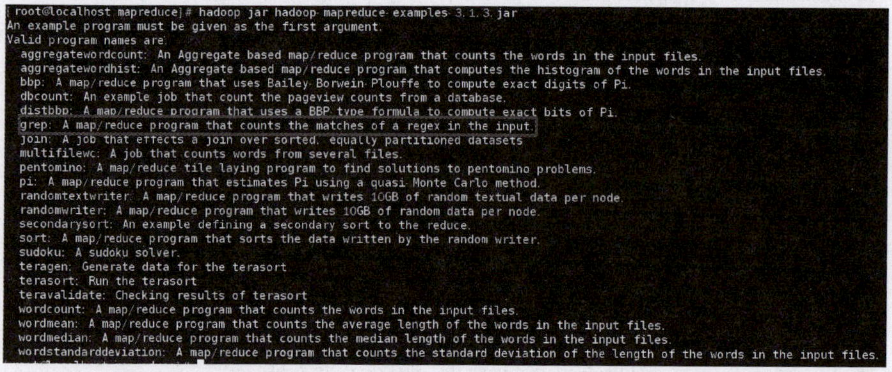

图 2-78

⑤运行 hadoop jar 命令,调取 Grep 实例,从 data/input 目录中将所有文本匹配到符合正则式"dfs[a-z.]+"的 xml 文件,并将结果在该文件夹中输出到自动创建的 output 目录中,命令如下:

hadoop jar/software/hadoop/share/hadoop/mapreduce/hadoop-mapreduce-examples-3.1.3. jar grep data/input data/output ′dfs[a-z.]+′,如图 2-79 所示。

图 2-79

⑥执行 cat data/output/ * 命令,结果如图 2 - 80 所示。

```
[root@localhost ~]# cat data/output/*
1       dfsadmin
[root@localhost ~]#
```

图 2 - 80

即统计结果为 1 个,该文本为"dfsadmin"。

2.5.2　Hadoop 伪分布式集群搭建

伪分布式集群(pseudo distributed cluster)是指在一台主机上模拟多个主机。Hadoop 的守护程序在本地计算机(虚拟机)上运行,模拟集群环境,并且是相互独立的 Java 进程。

伪分布式集群搭建过程

在这种模式下,Hadoop 使用的是分布式文件系统,各个作业也是由 ResourceManager 服务来管理的独立进程;与单节点模式相比,多了代码调试功能,允许检查内存使用情况、HDFS 输入输出,以及其他的守护进程交互;类似于完全分布式模式下的集群。因此,这种模式常用来开发测试 Hadoop 程序的执行是否正确。

这里搭建的伪分布式基于上一小节,也就是当前环境中,应该已经安装好了 Hadoop 及 JDK。如果没有,则要进行安装。

2.5.2.1　Hadoop 伪集群架构图

NameNode、SecondaryNameNode 和 DataNode 是构成 HDFS 的主要三个组件。其中,NameNode 和 SecondaryNameNode 运行在 master 节点上,DataNode 运行在 slave 节点上,如图 2 - 81所示。由于伪分布式只有一个节点,所以,本节中,DataNode 也运行在 master 节点上。

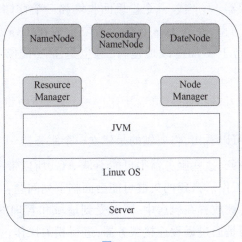

图 2 - 81

1. NameNode——名称节点

NameNode 是 HDFS 集群的主服务器,通常称为名称节点或者主节点。一旦 NameNode 关闭,就无法访问 Hadoop 集群。NameNode 主要以元数据的形式进行管理和存储,用于维护文件系统名称并管理客户端对文件的访问;NameNode 记录对文件系统名称空间或其属性的任何更改操作;HDFS 负责整个数据集群的管理,并且在配置文件中可以设置备份数量,这些信息都由 NameNode 存储。

2. DataNode——数据节点

DataNode 是 HDFS 集群中的从服务器,通常称为数据节点。文件系统存储文件的方式是将文件切分成多个数据块,这些数

HDFS 的主要组件

据块实际上是存储在 DataNode 节点中的,因此,DataNode 机器需要配置大量磁盘空间。它与 NameNode 保持不断的通信,DataNode 在客户端或者 NameNode 的调度下,存储并检索数据块,对数据块进行创建、删除等操作,并且定期向 NameNode 发送所存储的数据块列表,每当 DataNode 启动时,它将负责把持有的数据块列表发送到 NameNode 机器中。

3. SecondaryNameNode——辅助名称节点

是用于辅助 NameNode 工作的节点,主要功能是周期性地将元数据节点的命名空间镜像文件和修改日志进行合并,以防日志文件过大。

4. ResourceManager——资源管理程序

当应用程序对集群资源有需求时,ResourceManager 是 YARN 集群主控节点,负责协调和管理整个集群(所有 NodeManager)的资源。

5. NodeManager——节点管理器

管理一个 YARN 集群中的每一个节点。比如监视资源使用情况(CPU、内存、硬盘、网络),跟踪节点健康等。

6. JVM——Java 虚拟机

Java Virtual Machine,是通过在实际的计算机上仿真模拟各种计算机功能来实现的。由一套字节码指令集、一组寄存器、一个栈、一个垃圾回收堆和一个存储方法域等组成。JVM 屏蔽了与操作系统平台相关的信息,使得 Java 程序只需要生成在 Java 虚拟机上运行的目标代码(字节码),就可在多种平台上不加修改地运行,这也是 Java 能够"一次编译,到处运行"的原因。

2.5.2.2　SSH 免密登录

通过前面的准备工作可以看出,将要做的是建立一个服务器

SSH 免密登录

集群,提供一系列的网络服务,这些服务器很可能不是一台,所以带来的一个很现实的问题是:如何保障服务器之间协同工作。搭建的集群可能会面临下列问题:

①实际工作中,服务器被放置在机房中,同时受到地域和管理的限制,开发人员通常不会进入机房直接上机操作,而是通过远程连接服务器,进行相关操作。

②在集群开发中,主节点通常会对集群中各个节点频繁地访问,就需要不断输入目标服务器的用户名和密码,这种操作方式非常麻烦,并且会影响集群服务的连续运行。

为了解决上述问题,可以通过配置 SSH 服务来分别实现远程登录和 SSH 免密登录功能。下面分别对这两种服务配置和说明进行详细讲解。

SSH 为 Secure Shell 的缩写,它是一种网络安全协议,专为远程登录会话和其他网络服务提供安全性的协议。通过使用 SSH 服务,可以把传输的数据进行加密,有效防止远程管理过程中的信息泄露问题。

为了使用 SSH 服务,服务器首先必须安装并开启相应的 SSH 服务。在 CentOS 系统下,可以先执行"rpm-qa | grep ssh"指令查看当前机器是否安装了 SSH 服务,同时使用"ps – e| grep sshd"指令查看 SSH 服务是否开启,如图 2 – 82 所示。

```
[root@localhost ~]# rpm - qa | grep ssh
libssh2- 1. 4. 3- 10. el7_2. 1. x86_64
openssh- clients- 6. 6. 1p1- 31. el7. x86_64
openssh- server- 6. 6. 1p1- 31. el7. x86_64
openssh- 6. 6. 1p1- 31. el7. x86_64
[root@localhost ~]# ps - e| grep sshd
   955 ?               00: 00: 00  sshd
```

图 2 – 82

从图 2 – 82 可以看出,CentOS 虚拟机已经默认安装并开启了 SSH 服务,所以不需要进行额外安装就可以进行远程连接访问(如果没有安装,CentOS 系统下可以执行"yum install openssh – server"指令进行安装)。

想要实现多台服务器之间的免密登录功能,还需要进一步设置。下面就详细讲解如何配置 SSH 免密登录,具体如下。

(1)在需要进行统一管理的虚拟机上输入"ssh – keygen – t rsa – P ' ' – f ~/. ssh/id_rsa"指令,如图 2 – 83 所示。

```
[root@localhost ~]# ssh- keygen - t rsa - P ' ' - f ~/.ssh/id_rsa
Generating public/private rsa key pair.
Created directory '/root/.ssh'.
Your identification has been saved in /root/.ssh/id_rsa.
Your public key has been saved in /root/.ssh/id_rsa.pub.
The key fingerprint is:
3b: 4f: e1: b4: f3: 27: 81: ad: 38: 73: 9c: e5: c1: ba: 92: d2 root@localhost.localdomain
The key's randomart image is:
+- [ RSA 2048]- - - - +
|                    |
|                    |
|                    |
|                    |
|       S o+         |
|       +.o*         |
|      .o+=* o       |
|      .E+*oo        |
|      . =o..o       |
+- - - - - - - - - - - - +
[root@localhost ~]#
```

图 2 – 83

接着就会在当前虚拟机的 root 目录下生成一个包含有密钥文件的.ssh 隐藏文件。在虚拟机的 root 目录下通过"ls - a"指令可以查看当前目录下的所有文件,然后进入.ssh 隐藏目录,查看当前目录的文件,如图 2 - 84 所示。

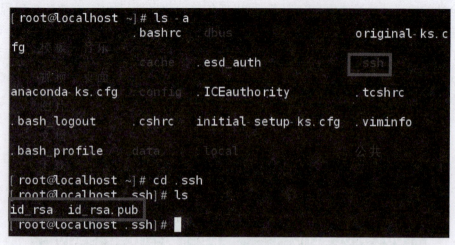

图 2 - 84

在图 2 - 84 中,.ssh 隐藏目录下的 id_rsa 就是生成的私钥,id_rsa. pub 为生成的公钥。

(2)在生成密钥文件的虚拟机上,执行 ssh - copy - id localhost 指令,会将公钥复制到需要关联的服务器上(这里是本机),如图 2 - 85 所示。

```
[root@localhost .ssh]# ssh-copy-id localhost
The authenticity of host 'localhost (::1)' can't be established.
ECDSA key fingerprint is d6:0e:7f:63:9c:8b:ca:0a:3b:a0:e9:ff:a5:a5:c2:76.
Are you sure you want to continue connecting (yes/no)? yes
/usr/bin/ssh-copy-id: INFO: attempting to log in with the new key(s), to filter out any that are already installed
/usr/bin/ssh-copy-id: INFO: 1 key(s) remain to be installed -- if you are prompted now it is to install the new keys
root@localhost's password:
```

图 2 - 85

输入密码 123456,然后输入 ssh localhost 验证是否需要密码,若不需要,说明免密成功,如图 2 - 86 所示。

```
root@localhost's password:

Number of key(s) added: 1

Now try logging into the machine, with:   "ssh 'localhost'"
and check to make sure that only the key(s) you wanted were added.

[root@localhost .ssh]# ssh localhost
Last login: Sun Jul 23 06:00:58 2023
[root@localhost ~]# exit
登出
Connection to localhost closed.
[root@localhost .ssh]#
```

图 2 - 86

从图中可以看出,本次免密设置成功。需要注意的是,不要忘记退出登录。

2.5.2.3 伪分布式搭建过程

（1）修改主机名 vim /etc/hostname,如图 2－87 所示。

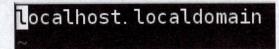

图 2－87

（2）将 localhost. localdomain 修改为 master,重启虚拟机,执行指令 reboot。重启后,主机名变为 master,如图 2－88 所示。

图 2－88

修改主机名的目的是实现使用 UI 界面远程查看 YARN 的状态。

（3）关闭防火墙:systemctl stop firewalld. service

永久关闭防火墙:systemctl disable firewalld. service

查看防火墙状态:systemctl status firewalld. service

关闭防火墙的目的,也是实现宿主机与虚拟机之间连接无障碍,可以在做完试验后再启动防火墙。

（4）设置免密登录,输入下列命令,结果如图 2－89 所示。

```
ssh－keygen－t rsa－P "－f ~/.ssh/id_rsa
ssh－copy－id master
```

语法解析:

①ssh－keygen:生成、管理和转换认证密钥。

②－t:指定密钥类型,包括 RSA 和 DSA 两种密钥,默认为 RSA。

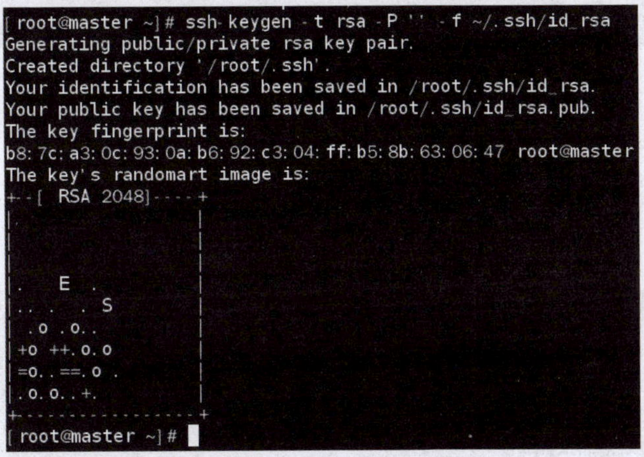

```
[root@master ~]# ssh-keygen - t rsa - P '' - f ~/.ssh/id_rsa
Generating public/private rsa key pair.
Created directory '/root/.ssh'.
Your identification has been saved in /root/.ssh/id_rsa.
Your public key has been saved in /root/.ssh/id_rsa.pub.
The key fingerprint is:
b8: 7c: a3: 0c: 93: 0a: 62: c3: 04: ff: b5: 8b: 63: 06: 47 root@master
The key's randomart image is:
+-[ RSA 2048]----+
|                 |
|                 |
|                 |
|    . E .        |
|... . S          |
| .o .o.          |
|+o ++.o.o        |
|=o.. ==.o .      |
|.o o..+.         |
+-----------------+
[root@master ~]#
```

图 2－89

（5）验证。登录完毕后，一定要退出登录，结果如图 2-90 所示。

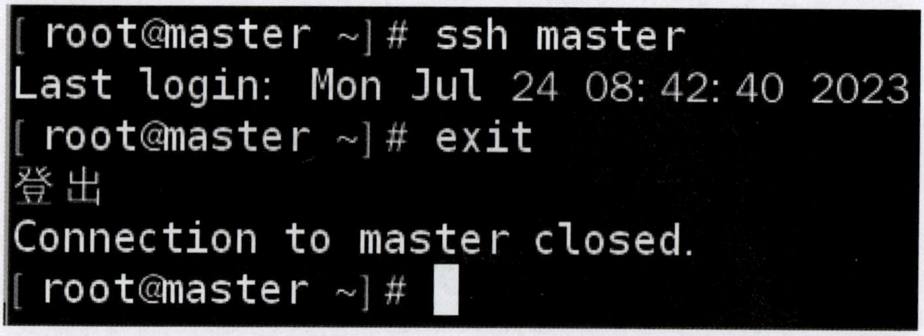

```
[root@master ~]# ssh master
Last login: Mon Jul 24 08:42:40 2023
[root@master ~]# exit
登出
Connection to master closed.
[root@master ~]#
```

图 2-90

（6）接着需要启用 RSA 认证，启动公钥、私钥配对认证方式：

```
vim/etc/ssh/sshd_config
```

结果如图 2-91 所示。

```
[root@master ~]# vim /etc/ssh/sshd_config
```

图 2-91

在文件中加入以下内容，结果如图 2-92 所示。

```
RSAAuthentication yes # 启用 RSA 认证
PubkeyAuthentication yes # 启用公钥、私钥配对认证方式
AuthorizedKeysFile % h/.ssh/authorized_keys # 公钥文件路径
```

```
RSAAuthentication yes # 启用 RSA 认证
PubkeyAuthentication yes # 启用公钥私钥配对认证方式
AuthorizedKeysFile %h/.ssh/authorized_keys # 公钥文件路径
#      $OpenBSD: sshd_config.v 1.93 2014/01/10 05:59:19 d
# This is the sshd server system-wide configuration file.
```

图 2-92

（7）建立地址映射表，编辑/etc/hosts 文件，在文件中写入虚拟机的 IP 地址和主机名，结果如图 2-93 所示。这样可以简化对服务器的操作，即便集群迁移到其他主机上，只需修改地址映射表，就能保证集群正常运转。

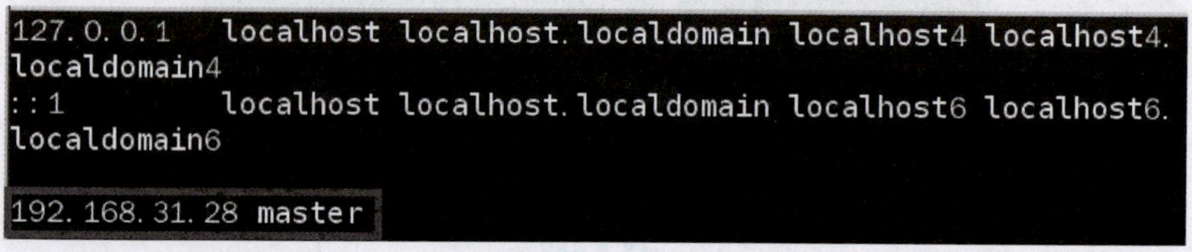

```
127.0.0.1    localhost localhost.localdomain localhost4 localhost4.
localdomain4
::1          localhost localhost.localdomain localhost6 localhost6.
localdomain6

192.168.31.28 master
```

图 2-93

（8）接下来修改 Hadoop 的配置文件，共需要修改以下 6 个文件：

hadoop – env. sh；

yarn – env. sh；

core – site. xml；

hdfs – site. xml；

mapred – site. xml；

yarn – site. xml。

Hadoop 默认提供了如下两种配置文件。

一种是只读的默认配置文件，包括 core – default. xml、hdfs – default. xml、mapred – default. xml 和 yam – defkult. xml，这些文件包含了 Hadoop 系统各种默认配置参数。

另一种是 Hadoop 集群自定义配置时编辑的配置文件（这些文件多数没有任何配置内容，都存在于 Hadoop 安装包下的 etc/hadoop 目录中），包括 hadoop – env. sh、yarn – env. sh、core – site. xml、hdfs – site. xml、mapred – site. xml、yarn – site. xml 和 workers 这 7 个文件，可以根据需要在这些文件中对默认配置文件中的参数进行修改，Hadoop 会优先选择这些配置文件中的参数。

接下来，先通过表 2 – 1 对 Hadoop 集群搭建可能涉及的主要配置文件及功能进行描述。

表 2 – 1

配置文件	功能描述
hadoop – env. sh	配置 Hadoop 运行所需的环境变量
yarn – env. sh	配置 YARN 运行所需的环境变量
core – site. xml	Hadoop 核心全局配置文件，可在其他配置文件中引用该文件
hdfs – site. xml	HDFS 配置文件，继承 core – site. xml 配置文件
mapred – site. xml	MapReduce 配置文件，继承 core – site. xml 配置文件
yarn – site. xml	YARN 配置文件，继承 core – site. xml 配置文件
workers	Hadoop 集群所有工作节点列表

前两个配置文件是用来指 YARN 所需运行环境的。hadoop – env. sh 用来保证 Hadoop 系统能够正常执行 HDFS 的守护进程 NameNode、SecondaryNameNode 和 DataNode；yarn – env. sh 用来保证 YARN 的守护进程 ResourceManager 和 NodeManager 能正常执行。

Workers 文件存储了当前集群的所有从节点的列表。在 Hadoop 集群中，配置了所有工作节点（worker）的主机名或 IP 地址的文件。该文件位于 Hadoop 的安装目录下的/etc/hadoop 目录中，文件名为 workers。

在该文件中，每行包含一个工作节点的主机名或 IP 地址，这些工作节点将被 Hadoop 集群用于执行 MapReduce 作业和其他任务。例如，如果当前有一个 3 节点的 Hadoop 集群，可以在 workers 文件中添加 master、slave1、slave2。

这将告诉 Hadoop 集群,使用这 3 个节点作为工作节点来执行任务。

其他 4 个配置文件都是用来设置集群运行参数的,在这些配置文件中,可以使用 Hadoop 默认配置文件中的参数进行配置来优化 Hadoop 集群,从而使集群更加稳定高效。

Hadoop 提供的默认配置文件 core - default. xml、hdfs - default. xml、mapred - default. xml 和 yarn - default. xml 中的参数非常多,这里不便一一展示说明。在具体使用时,可以访问 Hadoop 官方文档,进入文档最底部的 Configuration 部分进行学习和查看。

接下详细讲解 HDFS 集群的相关配置,具体步骤如下。

(1)配置环境变量 hadoop - env. sh。

因为 Hadoop 的各守护进程依赖 JAVA_HOME 环境变量,所以需修改"hadoop - env. sh"环境变量文件中的 JAVA_HOME 的值。

首先需要复制本机安装的 JDK 的实际位置(避免写错最好不要手写),可以使用如下命令打印 JDK 的安装目录:

```
echo $JAVA_HOME
```

语法解析:

①echo:输出命令。

②$:引用环境变量的值。

③JAVA_HOME:环境变量。

执行上述命令,结果如图 2 - 94 所示。

```
[root@master jdk]# echo $JAVA_HOME
/software/jdk
[root@master jdk]#
```

图 2 - 94

复制完成后,跳转到/software/hadoop/etc/hadoop/目录下,找到相应文件,结果如图 2 - 95 所示。

```
[root@master ~]# cd /software/hadoop/etc/hadoop/
[root@master hadoop]# ls
capacity-scheduler.xml            kms-log4j.properties
configuration.xsl                 kms-site.xml
container-executor.cfg            log4j.properties
core-site.xml                     mapred-env.cmd
hadoop-env.cmd                    mapred-env.sh
hadoop-env.sh                     mapred-queues.xml.template
hadoop-metrics2.properties        mapred-site.xml
hadoop-policy.xml                 shellprofile.d
hadoop-user-functions.sh.example  ssl-client.xml.example
hdfs-site.xml                     ssl-server.xml.example
httpfs-env.sh                     user_ec_policies.xml.template
httpfs-log4j.properties           workers
httpfs-signature.secret           yarn-env.cmd
httpfs-site.xml                   yarn-env.sh
kms-acls.xml                      yarnservice-log4j.properties
kms-env.sh                        yarn-site.xml
[root@master hadoop]#
```

图 2 - 95

编辑 hadoop – env. sh 文件,输入命令 vim hadoop – env. sh,按 Enter 键后,进入文件编辑模式,在文件中插入如下代码:

```
export JAVA_HOME = /software/jdk
```

(2)同理,编辑 yarn – env. sh,插入如下代码:

```
export JAVA_HOME = /software/jdk
```

(3)配置核心组件 core – site. xml。

该文件是 Hadoop 的核心配置文件,其目的是配置 HDFS 地址、端口号以及临时文件目录。这个核心配置文件需要加入 HDFS 的 URI 和 NameNode 的临时文件夹位置,临时文件夹在下文中会创建。

在文件末尾的 configuration 标签中添加如下代码:

```
<configuration>
    <property>
        <name>hadoop.tmp.dir</name>
        <value>/software/hadoop/tmp</value>
    </property>
    <property>
        <name>fs.defaultFS</name>
        <value>hdfs://master:9000</value>
    </property>
</configuration>
```

(4)配置文件系统 hdfs – site. xml。

该文件主要用于配置 HDFS 相关的属性,例如,复制因子(即数据块的副本数)、NameNode 和 DataNode,用于存储数据的目录等。在完全分布式模式下,默认数据块副本是 3 份。replication 指的是副本数量,现在是单节点,所以是1。

```
<configuration>
    <property>
        <name>dfs.replication</name>
        <value>1</value>
    </property>
    <property>
        <name>dfs.namenode.name.dir</name>
        <value>/software/hadoop/tmp/dfs/name</value>
    </property>
    <property>
        <name>dfs.datanode.data.dir</name>
        <value>/software/hadoop/tmp/dfs/data</value>
    </property>
</configuration>
```

（5）mapred – site. xml 文件配置。

该文件是 MapReduce 的核心配置文件，用于指定 MapReduce 运行时框架。

```
< configuration >
    < property >
        < name > mapreduce. framework. name < /name >
        < value > yarn < /value >
    < /property >
    < property >
        < name > yarn. app. mapreduce. am. env < /name >
        < value > HADOOP_MAPRED_HOME = /software /hadoop < /value >
    < /property >
    < property >
        < name > mapreduce. map. env < /name >
        < value > HADOOP_MAPRED_HOME = /software /hadoop < /value >
    < /property >
    < property >
        < name > mapreduce. reduce. env < /name >
        < value > HADOOP_MAPRED_HOME = /software /hadoop < /value >
    < /property >
< /configuration >
```

（6）yarn – site. xml 文件配置。

该文件是 YARN 框架的核心配置文件，用于配置 YARN 进程及 YARN 的相关属性。首先，需要指定 ResourceManager 守护进程所在主机，这里使用当前的主机名 master；其次，需要设置 NodeManager 上运行的辅助服务，需配置成 mapreduce_shuffle 才可运行 MapReduce 程序。

```
< configuration >
    < property >
        < name > yarn. resourcemanager. hostname < /name >
        < value > master < /value >
    < /property >
    < property >
        < name > yarn. nodemanager. aux – services < /name >
        < value > mapreduce_shuffle < /value >
    < /property >
    < property >
        < name > yarn. nodemanager. pmem – check – enabled < /name >
        < value > falses < /value >
    < /property >
    < property >
        < name > yarn. nodemanager. vmem – check – enabled < /name >
        < value > false < /value >
    < /property >
< /configuration >
```

（7）创建文件夹。

在配置文件中配置了一些文件夹路径,现在来创建它们:

```
mkdir -p /software/hadoop/tmp
mkdir -p /software/hadoop/tmp/dfs/name
mkdir -p /software/hadoop/tmp/dfs/data
```

（8）在/software/hadoop/etc/hadoop/目录下编辑 workers:

```
vim workers
```

删除原配置,添加如下配置:

```
Master
slave1
slave2
```

保存退出。

（9）在/etc/profile 下配置 Hadoop 的 HDFS 和 YARN 用户,结果如图 2-96 所示。

```
vim /etc/profile
```

在文件底部添加如下配置:

```
export HDFS_NAMENODE_USER = root
export HDFS_DATANODE_USER = root
export HDFS_SECONDARYNAMENODE_USER = root
export YARN_RESOURCEMANAGER_USER = root
export YARN_NODEMANAGER_USER = root
```

```
export JAVA_HOME=/software/jdk
export CLASSPATH=.:${JAVA_HOME}/jre/lib/rt.jar:${JAVA_HOME}/lib/dt
.jar:${JAVA_HOME}/lib/tools.jar
export PATH=$PATH:${JAVA_HOME}/bin

export HADOOP_HOME=/software/hadoop
export PATH=$PATH:$HADOOP_HOME/bin:$HADOOP_HOME/sbin

export HDFS_NAMENODE_USER=root
export HDFS_DATANODE_USER=root
export HDFS_SECONDARYNAMENODE_USER=root
export YARN_RESOURCEMANAGER_USER=root
export YARN_NODEMANAGER_USER=root
-- 插入 --                                              89,34        底端
```

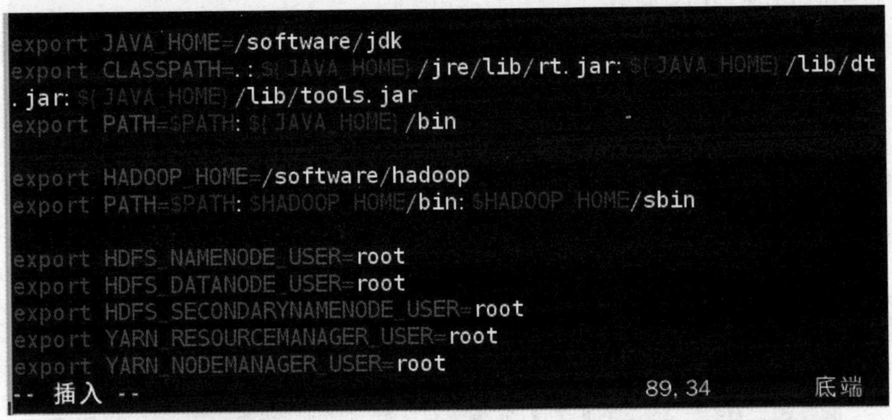

图 2-96

再执行 source /etc/profile 指令即可。

（10）格式化。

通过前面的学习，已经完成了 HDFS 集群的安装和配置。此时还不能直接启动集群，因为在初次启动 HDFS 集群时，必须对主节点进行格式化处理，具体命令如下：

```
hdfs namenode – format
```

结果如图 2 – 97 所示。

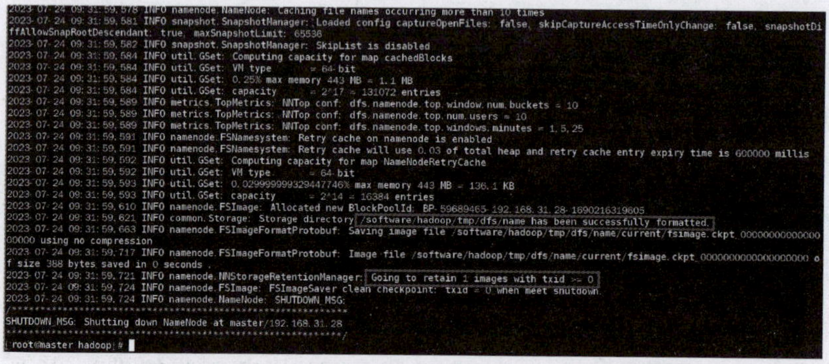

图 2 – 97

出现"successfully formatted"信息，表示格式化成功。若是未出现"successfully formatted"信息，就需要查看命令是否正确，或者之前 HDFS 集群的安装和配置是否正确。需要注意的是，此时不可以反复执行格式化命令。如果确定需要重新格式化，可以选择恢复快照，或者删除所有主机的"/software/hadoop/tmp/dfs/"下的文件夹后，再重新执行格式化命令，对 HDFS集群进行格式化。

另外，需要特别注意的是，上述格式化命令只需要在 HDFS 集群初次启动前执行即可，后续重复启动就不再需要执行格式化了。

（11）启动和关闭 HDFS 集群。

针对 HDFS 集群的启动，启动方式有两种：一种是单节点逐个启动；另一种是使用脚本一键启动。

方式一：单节点逐个启动和关闭。

需要参照以下方式逐个启动 HDFS 集群服务需要的相关服务进程，具体步骤如下。

①在本机上使用以下命令启动 NameNode 进程：

```
hadoop – daemon.sh start namenode
```

启动完成之后，使用 jps 命令查看 NameNode 进程的启动情况，结果如图 2 – 98 所示。

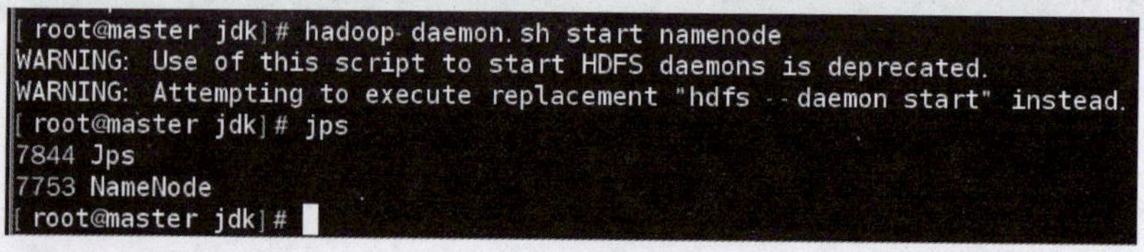

图 2 – 98

解析:

jps 命令:安装 JDK 后,在%JAVA_HOME%/bin 目录下面自带的一个 Java 工具,能够显示系统当前运行的 Java 程序及其进程号。

其中,7844 和 4453 是进程的 PID,也就是进程号。

②在本机上使用以下命令启动 DataNode 进程:

```
hadoop-daemon.sh start datanode
```

③在本机上使用以下命令启动 SecondaryNameNode 进程:

```
hadoop-daemon.sh start secondarynamenode
```

另外,当需要停止相关服务进程时,只需要将上述命令中的 start 更改为 stop 即可。

方式二:脚本一键启动和关闭。

启动 HDFS 集群最常使用的方式是使用脚本一键启动,前提是需要配置 workers 配置文件和 SSH 免密登录。

在本机上使用如下方式一键启动 HDFS 集群:start-dfs.sh,结果如图 2-99 所示。

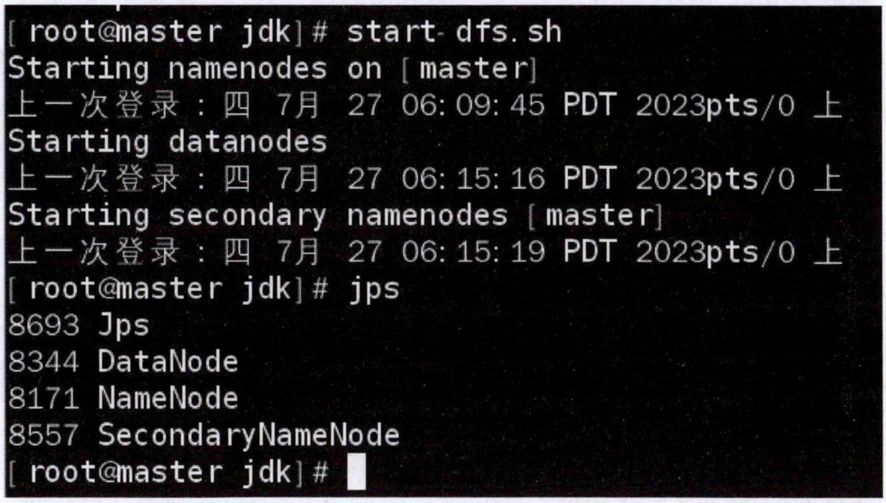

```
[root@master jdk]# start-dfs.sh
Starting namenodes on [master]
上一次登录:四 7月 27 06:09:45 PDT 2023pts/0 上
Starting datanodes
上一次登录:四 7月 27 06:15:16 PDT 2023pts/0 上
Starting secondary namenodes [master]
上一次登录:四 7月 27 06:15:19 PDT 2023pts/0 上
[root@master jdk]# jps
8693 Jps
8344 DataNode
8171 NameNode
8557 SecondaryNameNode
[root@master jdk]#
```

图 2-99

打印信息:

①在本机上启动了 NameNode 守护进程。

②在本机上启动了 DataNode 守护进程。

③在本机上启动 SecondaryNameNode 守护进程。

可以一键启动 HDFS 集群,同样,也可以一键关闭 HDFS 集群,只需要将 start 改为 stop 即可,即 stop-dfs.sh。

(12)查看进程启动情况。

在本机执行 jps 命令,在打印结果中会看到 4 个进程,分别是 NameNode、DataNode、

SecondaryNameNode 和 Jps,如果出现了这 4 个进程,则表示进程启动成功。

针对 YARN 集群的启动,启动方式同样有两种:一种是单节点逐个启动;另一种是使用脚本一键启动。

方式一:单节点逐个启动和关闭。

需要参照以下方式逐个启动 YARN 集群服务需要的相关服务进程,具体步骤如下。

①在本机上使用以下命令启动 ResourceManager 进程:

```
yarn-daemon.sh start resourcemanager
```

②在本机上使用以下命令启动 NodeManager 进程:

```
yarn-daemon.sh start nodemanager
```

另外,当需要停止相关服务进程时,只需要将上述命令中的 start 更改为 stop 即可。

方式二:脚本一键启动和关闭。

```
start-yarn.sh
```

结果如图 2 – 100 所示。

```
[root@master hadoop]# start-dfs.sh
Starting namenodes on [master]
上一次登录:一 7月 24 08:48:14 PDT 2023从 fe80::5ad1:954:4655:4009%ens33pts/1 上
master: Warning: Permanently added the ECDSA host key for IP address '192.168.31.28' to the list of known hosts.
Starting datanodes
上一次登录:一 7月 24 09:36:09 PDT 2023pts/0 上
Starting secondary namenodes [master]
上一次登录:一 7月 24 09:36:12 PDT 2023pts/0 上
[root@master hadoop]# start-yarn.sh
Starting resourcemanager
上一次登录:一 7月 24 09:36:15 PDT 2023pts/0 上
Starting nodemanagers
上一次登录:一 7月 24 09:37:13 PDT 2023pts/0 上
[root@master hadoop]# jps
4705 NodeManager
3907 NameNode
4551 ResourceManager
5033 Jps
4077 DataNode
4287 SecondaryNameNode
[root@master hadoop]#
```

图 2 – 100

需要注意的是,启动 YARN 集群之前,需要保证 HDFS 集群处于启动状态。若是 HDFS 集群没有启动,可以使用脚本一键启动的方式进行启动。

(13)使用 UI 界面查看该平台。

打开 CentOS 中的浏览器,如图 2 – 101 所示。

在浏览器的地址栏中输入 master:9870,可以看到 HDFS 的 Web 模式下的 UI 界面,结果如图 2 – 102 所示。

图 2 – 101

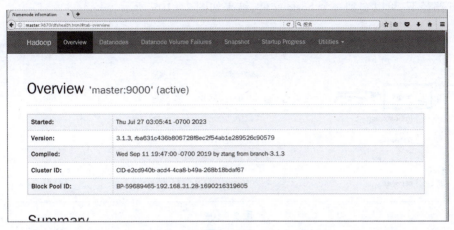

图 2 – 102

YARN 集群正常启动后,它默认开放了 8088 端口,用于监控 YARN 集群。通过 UI 可以方便地进行集群的管理和查看,只需要在本地操作系统的浏览器中输入集群服务的 IP 和对应的端口号即可访问。

通过本机的浏览器访问 http://master:8088 或 http://本机 IP 地址:8088 查看 YARN 集群状态。可以看到 YARN 的 Web 模式下的 UI 界面,结果如图 2 – 103 所示。

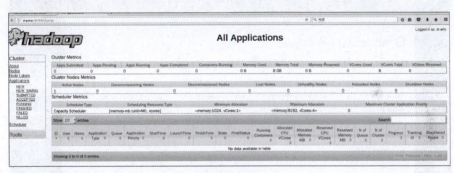

图 2 – 103

(14)在宿主机(Win10)中通过 UI 界面查看平台。

打开一个 Windows 窗口,在地址栏中输入 C:\Windows\System32\drivers\etc,结果如图 2 – 104 所示。

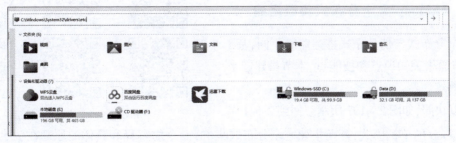

图 2 – 104

在此路径下,可以看到一个 hosts 文件,结果如图 2-105 所示。

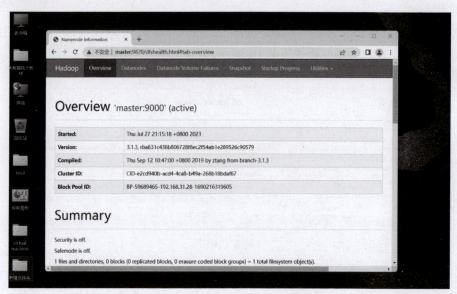

图 2-105

使用记事本编辑该文件,在文件尾部添加 IP 地址与主机名:192.168.31.28 master。

保存关闭后,打开浏览器,在地址栏中输入"master:9870",伪分布式搭建成功,结果如图 2-106 所示。

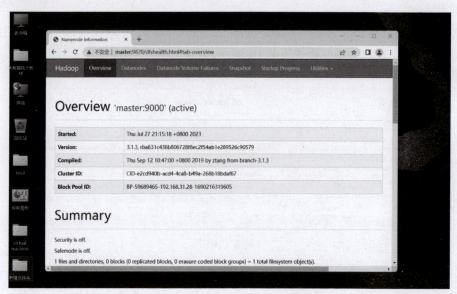

图 2-106

2.5.3　Hadoop 完全分布式集群搭建

完全分布式与伪分布式搭建略有不同,基于 2.5.2 节的相关知识点和技能点,本节搭建起来会相对熟练一些。

恢复快照,如图 2-107 所示。回到 2.5.1 节,

Hadoop 完全分布式集群搭建

基于 Hadoop 的单机模式,开始搭建完全分布式集群,命令的解释和具体的原理在 2.5.2 节已经详细描述了,故本节只说明具体的操作步骤。

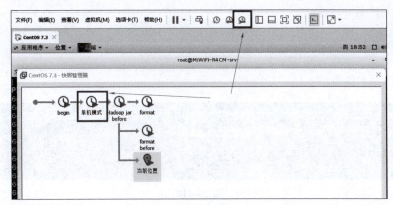

图 2－107

(1)查看防火墙状态。

```
systemctl status firewalld.service
```

结果如图 2－108 所示。

```
[root@laptop-us7u5uj1 ~]# systemctl status firewalld.service
● firewalld.service - firewalld - dynamic firewall daemon
   Loaded: loaded (/usr/lib/systemd/system/firewalld.service; enabled; vendor preset: enabled
)
   Active: active (running) since 六 2021-03-13 04:12:39 PST; 2 years 4 months ago
 Main PID: 608 (firewalld)
   CGroup: /system.slice/firewalld.service
           └─608 /usr/bin/python -Es /usr/sbin/firewalld --nofork --nopid

3月 13 04:11:32 localhost.localdomain systemd[1]: Starting firewalld - dynamic firewall.....
3月 13 04:12:39 localhost.localdomain systemd[1]: Started firewalld - dynamic firewall ...n.
Hint: Some lines were ellipsized, use -l to show in full.
```

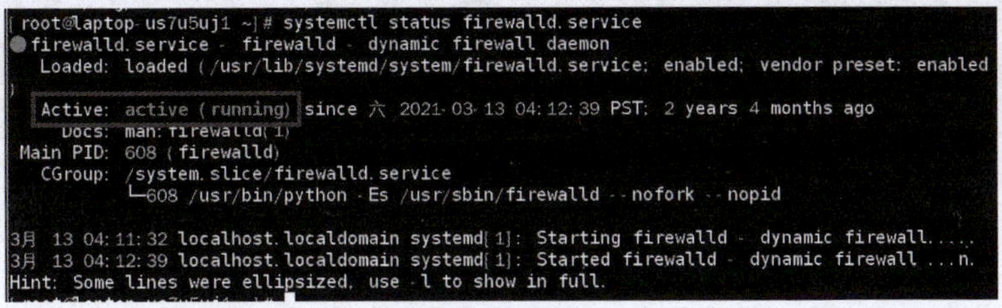

图 2－108

关闭防火墙：

```
systemctl stop firewalld.service
```

永久关闭防火墙：

```
systemctl disable firewalld.service
```

再次查看防火墙状态，结果如图 2－109 所示。

```
[root@laptop-us7u5uj1 ~]# systemctl stop firewalld.service
[root@laptop-us7u5uj1 ~]# systemctl disable firewalld.service
Removed symlink /etc/systemd/system/dbus-org.fedoraproject.FirewallD1.service.
Removed symlink /etc/systemd/system/basic.target.wants/firewalld.service.
[root@laptop-us7u5uj1 ~]# systemctl status firewalld.service
● firewalld.service - firewalld - dynamic firewall daemon
   Loaded: loaded (/usr/lib/systemd/system/firewalld.service; disabled; vendor preset: enable
d)
   Active: inactive (dead)
     Docs: man:firewalld(1)

3月 13 04:11:32 localhost.localdomain systemd[1]: Starting firewalld - dynamic firewall.....
3月 13 04:12:39 localhost.localdomain systemd[1]: Started firewalld - dynamic firewall ...n.
7月 27 18:58:58 laptop-us7u5uj1 systemd[1]: Stopping firewalld - dynamic firewall daemon...
7月 27 18:58:58 laptop-us7u5uj1 systemd[1]: Stopped firewalld - dynamic firewall daemon.
Hint: Some lines were ellipsized, use -l to show in full.
[root@laptop-us7u5uj1 ~]#
```

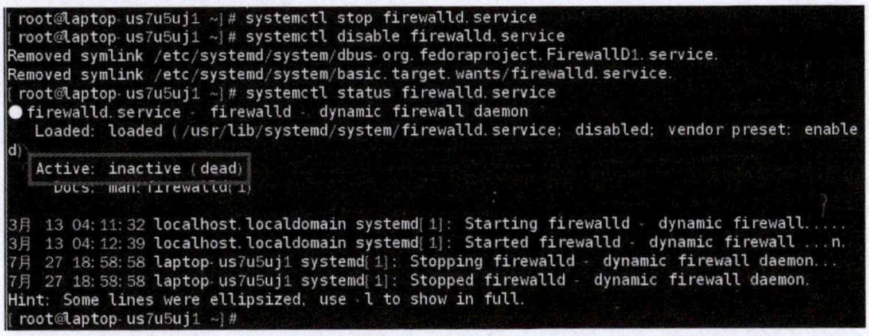

图 2－109

（2）修改主机名。

```
hostnamectl set -hostname master
```

过程如图 2-110 所示。

```
[root@localhost ~]# hostnamectl set-hostname master
[root@localhost ~]# hostname
master
[root@localhost ~]#
```

图 2-110

可以看出,主机名修改成了,如果想即刻更新,只需切换一下用户。使用 su 指令切换到当前用户(就是没变用户,自己切换到自己)。可以看到主机名已经更新完毕,结果如图 2-111 所示。

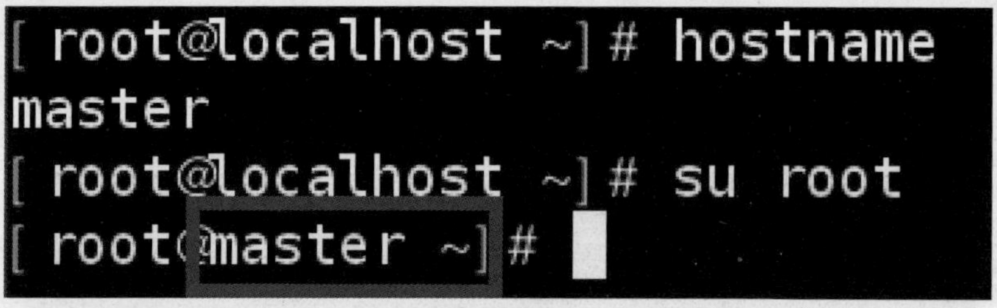

```
[root@localhost ~]# hostname
master
[root@localhost ~]# su root
[root@master ~]#
```

图 2-111

（3）建立地址映射表。

```
vim /etc/hosts
```

编辑该文件,在文件尾部添加:IP 地址主机名。然后按 Esc 键,退出编辑模式,再输入":wq",保存退出,结果如图 2-112 所示。

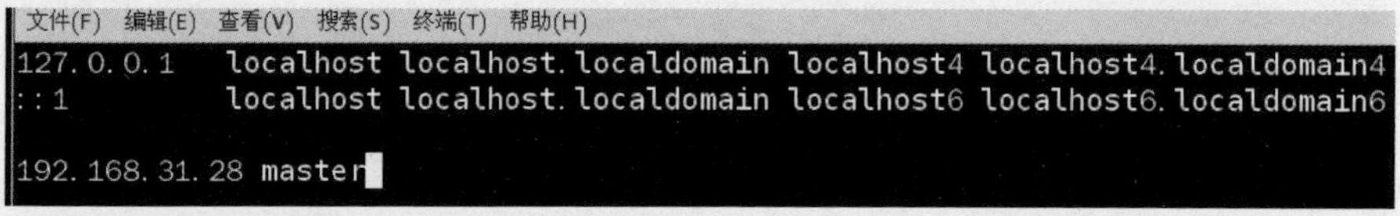

```
文件(F) 编辑(E) 查看(V) 搜索(S) 终端(T) 帮助(H)
127.0.0.1     localhost localhost.localdomain localhost4 localhost4.localdomain4
::1           localhost localhost.localdomain localhost6 localhost6.localdomain6

192.168.31.28 master
```

图 2-112

（4）设置免密登录。

```
ssh-keygen -t rsa -P '' -f ~/.ssh/id_rsa
```

结果如图 2-113 所示。

```
[root@master ~]# ssh-keygen -t rsa -P '' -f ~/.ssh/id_rsa
Generating public/private rsa key pair.
Created directory '/root/.ssh'.
Your identification has been saved in /root/.ssh/id_rsa.
Your public key has been saved in /root/.ssh/id_rsa.pub.
The key fingerprint is:
59:47:aa:45:0a:7b:de:f1:a7:9f:97:5a:ed:cd:42:db root@master
The key's randomart image is:
+--[ RSA 2048]----+
|      . . .      |
|      o o o      |
|     . o = .     |
|      o * +      |
|       S . . .   |
|            o. . |
|           .. +o|
|            . +=E|
|            . +o+|
+-----------------+
```

图 2 – 113

注意,这里的“''”是两个单引号,表示的是用一个空的字符串(即空串),而不是一个双引号。

再执行 ssh – copy – id master 指令,结果如图 2 – 114 所示。

```
[root@master ~]# ssh-copy-id master
The authenticity of host 'master (192.168.1.28)' can't be established.
ECDSA key fingerprint is d6:0e:7f:63:9c:8b:ca:0a:3b:a0:e9:ff:a5:a5:c2:76.
Are you sure you want to continue connecting (yes/no)? yes
/usr/bin/ssh-copy-id: INFO: attempting to log in with the new key(s), to filter out any that are already installed
/usr/bin/ssh-copy-id: INFO: 1 key(s) remain to be installed -- if you are prompted now it is to install the new keys
root@master's password:

Number of key(s) added: 1

Now try logging into the machine, with:   "ssh 'master'"
and check to make sure that only the key(s) you wanted were added.

[root@master ~]#
```

图 2 – 114

验证免密登录设置是否成功,结果如图 2 – 115 所示。

```
[root@master ~]# ssh master
Last login: Thu Jul 27 19:10:09 2023
[root@master ~]# exit
登出
Connection to master closed.
[root@master ~]#
```

图 2 – 115

(5)启用 RSA 认证。启动公钥、私钥配对认证方式:vim/etc/ssh/sshd_config,结果如图 2 – 116 所示。

```
[root@master ~]# vim /etc/ssh/sshd_config
```

图 2 – 116

在文件中加入以下内容,结果如图 2-117 所示。

```
RSAAuthentication yes # 启用 RSA 认证
PubkeyAuthentication yes # 启用公钥私钥配对认证方式
AuthorizedKeysFile % h/.ssh/authorized_keys #公钥文件路径
```

图 2-117

(6)修改 Hadoop 的配置文件,共需要修改以下 7 个文件:

hadoop - env. sh;

yarn - env. sh;

mapred - env. sh;

core - site. xml;

hdfs - site. xml;

mapred - site. xml;

yarn - site. xml。

①配置环境变量 hadoop - env. sh。

首先需要复制本机安装的 JDK 的实际位置,结果如图 2-118 所示。

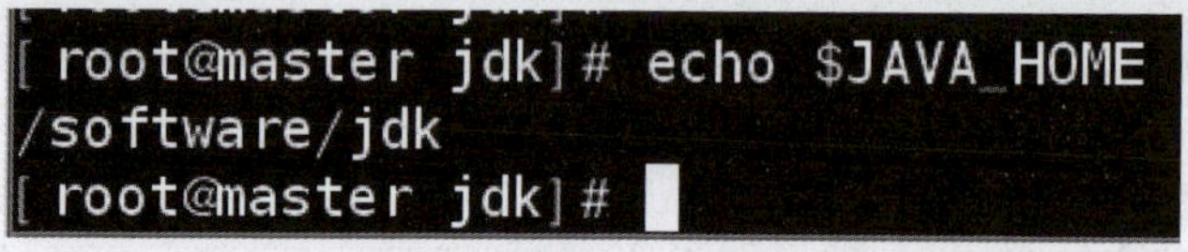

图 2-118

复制完成后,跳转到/software/hadoop/etc/hadoop/目录下,找到相应文件,结果如图 2-119 所示。

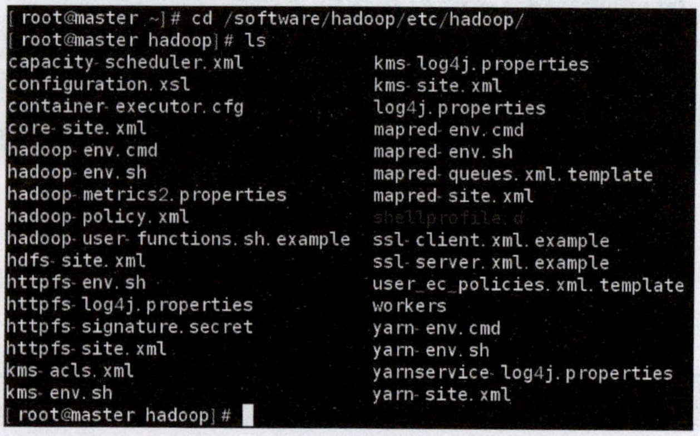

图 2-119

编辑 hadoop – env. sh 文件,输入命令 vim hadoop – env. sh,按 Enter 键后,进入文件编辑模式,在文件中插入如下代码:

```
export JAVA_HOME = /software/jdk
```

　　②同理,编辑 yarn – env. sh,插入如下代码:

```
export JAVA_HOME = /software/jdk
```

　　③再编辑 mapred – env. sh:vim mapred – env. sh,同样输入 export JAVA_HOME = /software/jdk。

　　④配置核心组件 core – site. xml。

　　该文件是 Hadoop 的核心配置文件,其目的是配置 HDFS 地址、端口号以及临时文件目录。这个是核心配置文件需要加入 HDFS 的 URI 和 NameNode 的临时文件夹位置,临时文件夹在下文中会创建。

　　在文件末尾的 configuration 标签中添加如下代码:

```
<configuration>
    <property>
        <name>hadoop.tmp.dir</name>
        <value>/software/hadoop/tmp</value>
    </property>
    <property>
        <name>fs.defaultFS</name>
        <value>hdfs://master:9000</value>
    </property>
</configuration>
```

　　⑤配置文件系统 hdfs – site. xml。

　　该文件主要用于配置 HDFS 相关的属性,例如,复制因子(即数据块的副本数)、NameNode 和 DataNode,用于存储数据的目录等。在完全分布式模式下,默认数据块副本是 3 份。replication 指的是副本数量。

```
<configuration>
    <property>
        <name>dfs.namenode.secondary.http – address</name>
        <value>master:50090</value>
    </property>
    <property>
        <name>dfs.namenode.name.dir</name>
        <value>/software/hadoop/tmp/dfs/name</value>
        <description>NameNode 上存储 HDFS 名字空间元数据
        </description>
    </property>
```

```xml
    <property>
        <name>dfs.datanode.data.dir</name>
        <value>/software/hadoop/tmp/dfs/data</value>
        <description>DataNode上数据块的物理存储位置</description>
    </property>
    <property>
        <name>dfs.replication</name>
        <value>3</value>
    </property>
</configuration>
```

⑥mapred – site. xml 文件配置。

该文件是 MapReduce 的核心配置文件，用于指定 MapReduce 运行时框架。

```xml
<configuration>
    <property>
        <name>mapreduce.framework.name</name>
        <value>yarn</value>
    </property>
    <property>
        <name>yarn.app.mapreduce.am.env</name>
        <value>HADOOP_MAPRED_HOME = /software/hadoop</value>
    </property>
    <property>
        <name>mapreduce.map.env</name>
        <value>HADOOP_MAPRED_HOME = /software/hadoop</value>
    </property>
    <property>
        <name>mapreduce.reduce.env</name>
        <value>HADOOP_MAPRED_HOME = /software/hadoop</value>
    </property>
</configuration>
```

⑦yarn – site. xml 配置。

本文件是 YARN 框架的核心配置文件，用于配置 YARN 进程及 YARN 的相关属性。首先，需要指定 ResourceManager 守护进程所在主机，这里使用当前的主机名 master；其次，需要设置 NodeManager 上运行的辅助服务，需配置成 mapreduce_shuffle 才可运行 MapReduce 程序。

```xml
<configuration>
    <property>
        <name>yarn.resourcemanager.hostname</name>
        <value>master</value>
    </property>
    <property>
        <name>yarn.nodemanager.aux-services</name>
        <value>mapreduce_shuffle</value>
    </property>
```

```
<property>
    <name>yarn.nodemanager.pmem-check-enabled</name>
    <value>falses</value>
</property>
<property>
        <name>yarn.nodemanager.vmem-check-enabled</name>
        <value>false</value>
</property>
</configuration>
```

（7）创建文件夹。

在配置文件中配置了一些文件夹路径,现在来创建它们:

```
mkdir -p /software/hadoop/tmp
mkdir -p /software/hadoop/tmp/dfs/name
mkdir -p /software/hadoop/tmp/dfs/data
```

（8）在/software/hadoop/etc/hadoop/目录下编辑 workers:

```
vim workers
```

删除原配置,添加如下配置:

```
Master
slave1
slave2
```

保存退出。

（9）在/etc/profile 下配置 Hadoop 的 HDFS 和 YARN 用户:

```
vim /etc/profile
```

在文件底部添加如下配置,结果如图 2-120 所示。

```
export HDFS_NAMENODE_USER=root
export HDFS_DATANODE_USER=root
export HDFS_SECONDARYNAMENODE_USER=root
export YARN_RESOURCEMANAGER_USER=root
export YARN_NODEMANAGER_USER=root
```

再执行指令 source /etc/profile 即可。

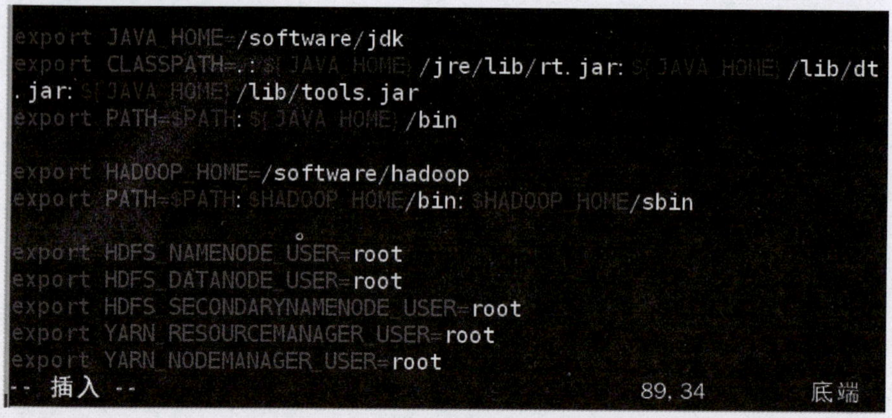

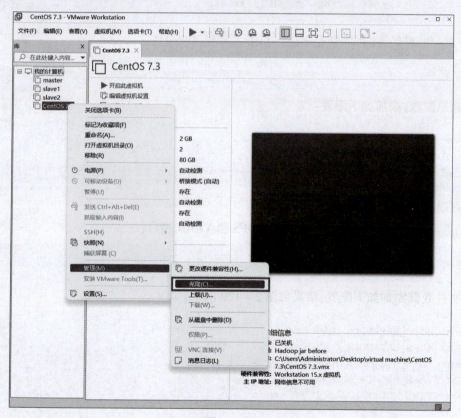

图 2－120

（10）接下来关闭该虚拟机，建立两个克隆，如图 2－121 所示。

图 2－121

单击"下一页"按钮,如图 2 – 122 所示。

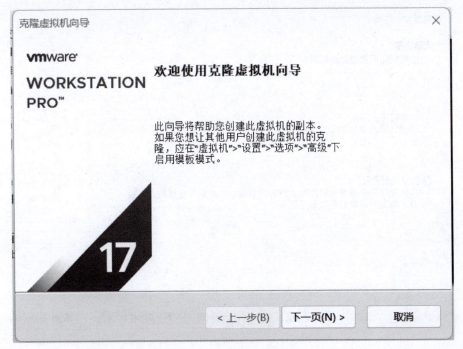

图 2 – 122

选择"虚拟机中的当前状态",如图 2 – 123 所示。

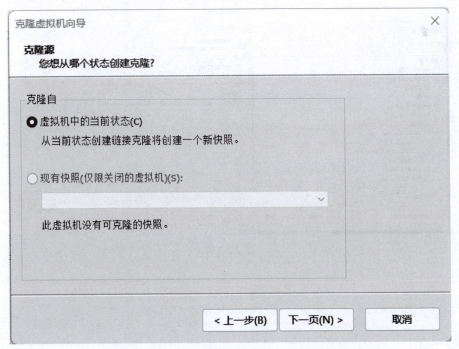

图 2 – 123

选择"创建完整克隆",如图 2–124 所示。

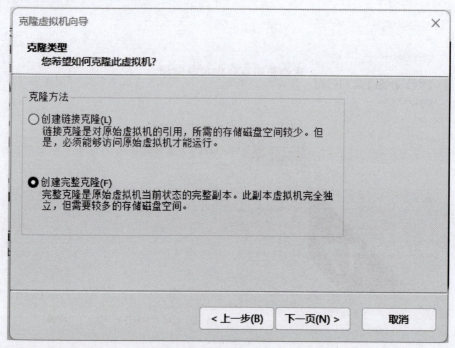

图 2–124

修改虚拟机的名称及保存位置,如图 2–125 所示。

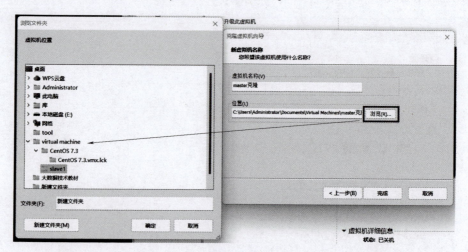

图 2–125

单击"完成"按钮,如图 2 – 126 所示。

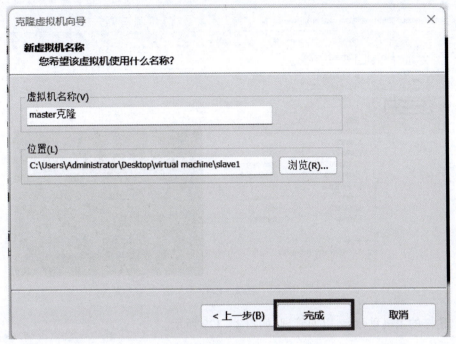

图 2 – 126

等待克隆完成,如图 2 – 127 所示。

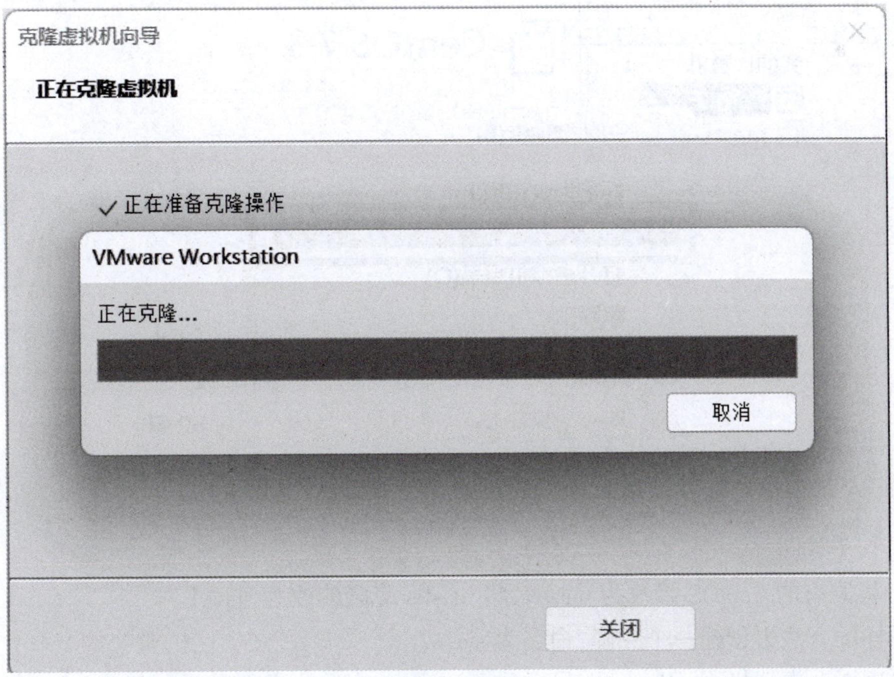

图 2 – 127

完成后,回到 VMware Workstation 主界面,如图 2 – 128 所示。

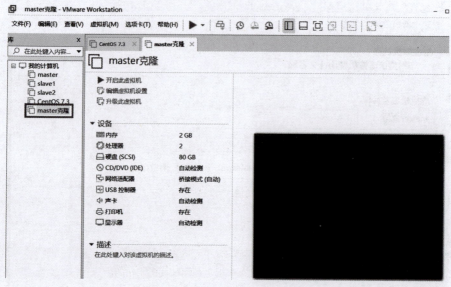

图 2 – 128

将已建好的主机重命名,以便管理,如图 2 – 129 所示。

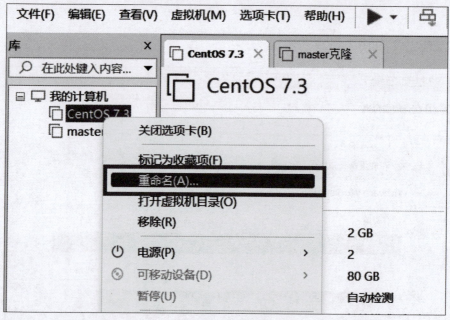

图 2 – 129

(11)将原有的 CentOS 修改为 master,将 master 克隆修改为 slave1。
用同样的方法再创建一个克隆,命名为 slave2。
开启这 3 台虚拟机,并用 root 账号登录。

(12)修改 slave1 和 slave2 的 IP 地址,如图 2 - 130、图 2 - 131 所示。

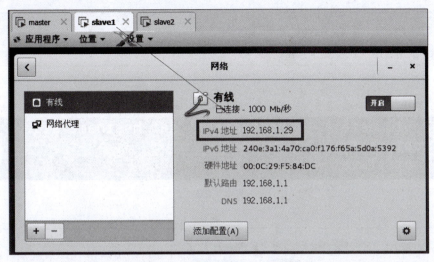

图 2 - 130

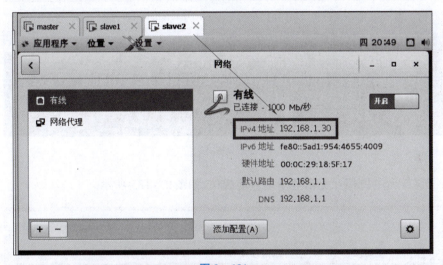

图 2 - 131

(13)分别在 3 台虚拟机中建立地址映射表。

执行 vim/etc/hosts 指令后,输入如图 2 - 132 所示内容。

图 2 - 132

（14）修改 slave1 和 slave2 的主机名，如图 2－133、图 2－134 所示。

图 2－133

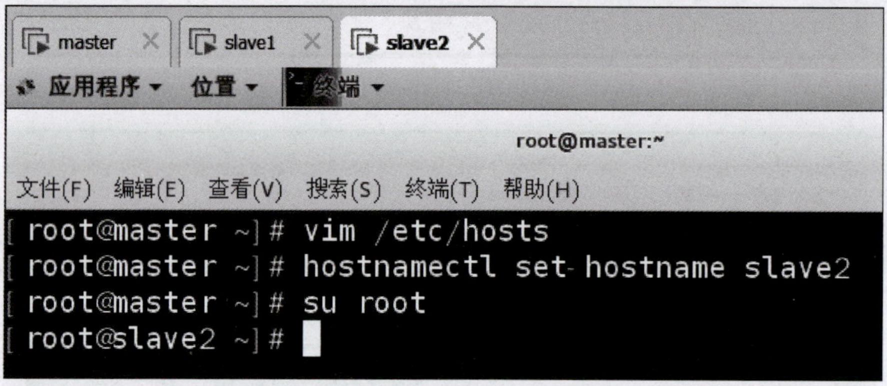

图 2－134

（15）测试 3 台主机相互免密登录是否能成功，如图 2－135 所示。

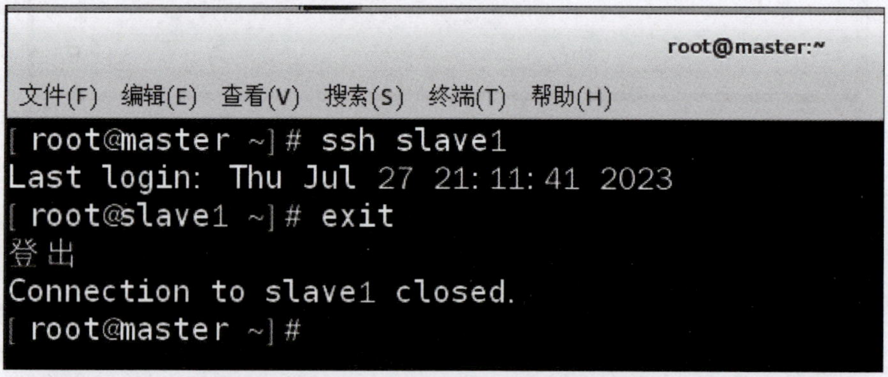

图 2－135

(16)建立快照,然后执行格式化命令 hdfs namenode – format,如图 2 – 136 所示。

图 2 – 136

可以看到格式化成功了

(17)启动和关闭 Hadoop 集群。

针对 Hadoop 集群的启动,需要启动内部包含的 HDFS 集群和 YARN 集群两个集群框架。启动方式有两种:一种是单节点逐个启动;另一种是使用脚本一键启动。

单节点逐个启动时,需要参照以下方式逐个启动 Hadoop 集群服务需要的相关服务进程,具体步骤如下。

①在主节点上使用以下指令启动 HDFS NameNode 进程:

```
hadoop – daemon.sh start namenode
```

②在每个从节点上使用以下指令启动 HDFS DataNode 进程:

```
hadoop – daemon.sh start datanode
```

③在主节点上使用以下指令启动 YARN ResourceManager 进程:

```
yarn – daemon.sh start resourcemanager
```

④在每个从节点上使用以下指令启动 YARN NodeManager 进程:

```
yarn – daemon.sh start nodemanager
```

⑤在规划节点 slave1 上使用以下指令启动 SecondaryNameNode 进程:

```
hadoop – daemon.sh start secondarynamenode
```

上述介绍了单节点逐个启动和关闭 Hadoop 集群服务的方式。另外,当需要停止相关服务进程时,只需要将上述指令中的 start 更改为 stop 即可。

使用脚本一键启动的前提是需要配置 slaves 配置文件和 SSH 免密登录(如本书采用 master、slave1 和 slave2 三个节点,为了在任意一个节点上执行脚本一键启动 Hadoop 服务,那么就必须在三个节点均配置 SSH 双向免密登录)。

使用脚本一键启动 Hadoop 集群,在整个 Hadoop 集群服务启动完成之后,可以在各自机器上通过 jps 指令查看各节点的服务进程启动情况,如图 2－137 ~ 图 2－139 所示。

```
[root@master hadoop]# jps
5585 SecondaryNameNode
6066 NodeManager
5912 ResourceManager
6394 Jps
5245 NameNode
5390 DataNode
[root@master hadoop]#
```

图 2－137

```
[root@slave1 ~]# jps
4356 Jps
4205 DataNode
[root@slave1 ~]# jps
4483 NodeManager
4796 Jps
4205 DataNode
[root@slave1 ~]#
```

图 2－138

```
[root@slave2 ~]# jps
4283 Jps
4108 DataNode
[root@slave2 ~]# jps
4400 NodeManager
4951 Jps
4108 DataNode
[root@slave2 ~]#
```

图 2－139

可以看出,master 节点上启动了 NameNode、DataNode、ResourceManager 和 NodeManager 4 个服务进程;slave1 和 slave2 上启动了 DataNode 和 NodeManager 两个服务进程。这与之前规划配置的各节点服务一致,说明 Hadoop 集群启动正常。

至此,Hadoop 集群的三种模式:独立模式(Standlone mode)、伪分布式模式(Pseudo－Distributed mode)、完全分布式模式(Cluster mode),全部搭建完毕。

项目实践

1. 在上一章的项目实践基础上,安装 VMware Workstation 虚拟机软件。
2. 结合本章内容,在 VMware Workstation 中安装 CentOS 操作系统。
3. 结合本章内容,在 CentOS 操作系统中安装 JDK1.8.0－8u241。

本章习题

一、填空题

1. Linux 系统环境变量和 Windows 的环境变量一样,分为系统环境变量和用户环境变量,_____对所有用户有效,而用户环境变量只对当前用户有效。

2. 可以使用_____命令检测 JDK 是否安装成功。

3. 格式化文件系统的命令是_____。

4. 可以使用_____命令一键启动 HDFS 集群。

5. 可以使用_____命令一键启动 YARN 集群。

6. YARN 集群正常启动后,会默认开放_____端口,用于监控 YARN 集群。

二、选择题

1. 现在想要解压 jdk − 8u221 − linux − x64. tar. gz 压缩包,使用的命令是(　　　　)。

A. tar − zcvf jdk − 8u221 − linux − x64. tar. gz

B. tar − zxvf jdk − 8u221 − linux − x64. tar. gz

C. gzip − zcvf jdk − 8u221 − linux − x64. tar. gz

D. gzip − zxvf jdk − 8u221 − linux − x64. tar. gz

2. 在配置 SSH 免密登录时,可以使用(　　　　)命令生成密钥对。

A. sshd − keygen

B. sshd − keygem − t rsa

C. ssh − keygen

D. ssh − keygen − t rsa

3. Hadoop 集群具体来说包含两个集群,分别是(　　　　)。

A. HDFS 集群和 MapReduce 集群　　　　B. HDFS 集群和 YARN 集群

C. YARN 集群和 MapReduce 集群　　　　D. master 集群和 slave 集群

4. (　　　　)文件是 Hadoop 的核心配置文件,其目的是配置 HDFS 地址、端口号以及临时文件目录。

A. hdfs − site. xml

B. hadoop − env. sh

C. core − site. xml

D. slaves

5. YARN 集群正常启动后,会开启(　　　　)进程。

A. ResourceManager 和 SecondaryNameNode

B. ResourceManager 和 NameNode

C. NodeManager 和 DataNode

D. NodeManager 和 ResourceManager

6. (   )文件是 MapReduce 的核心配置文件,用于指定 MapReduce 运行时的框架。

A. yarn – site. xml   B. yarn – env. sh

C. mapreduce – site. sh   D. mapred – site. xml

7. Hadoop 的安装包中自带了很多 MapReduce 示例程序,其位于(   )目录下。

A. $HADOOP_HOME/etc/hadoop/mapreduce

B. $HADOOP_HOME/bin/hadoop/mapreduce

C. $HADOOP_HOME/hdfs/hadoop/mapreduce

D. $HADOOP_HOME/share/hadoop/mapreduce

8. 在 HDFS 上创建目录时,使用的命令是(   )。

A. hadoop fs – mkdir – p 目录   B. hdfs fs – mkdir – p 目录

C. hadoop fs mkdir p 目录   D. hdfs fs mkdir p 目录

9. 可以使用(   )命令运行 Hadoop 集群自带的 PI 示例。

A. hadoop jar hadoop – mapreduce – examples – 2. 7. 7. jar pi 2 5

B. hadoop jar hadoop – mapreduce – examples – 2. 7. 7. jar 2 5 pi

C. hadoop fs hadoop – mapreduce – examples – 2. 7. 7. jar pi 2 5

D. hadoop fs hadoop – mapreduce – examples – 2. 7. 7. jar 2 5 pi

三、实操题

1. 在本机上安装 JDK,并将 SSH 免密登录配置成功,实现能免密登录本机。

2. 自主搭建 HDFS 伪分布式集群和 YARN 伪分布式集群。

本章习题答案:

一、填空题

1. 系统环境变量

2. java – version

3. hdfs namenode – format

4. start – dfs. sh

5. start – yarn. sh

6. 8088

二、选择题

1. B(解析:选项 A 的 tar – zcvf 是压缩命令,选项 C 和 D 的 gzip 可以压缩产生后缀为 . gz 的压缩文件。)

2. CD(解析:ssh – keygen 是生成、管理和转换认证密钥。– t 是指定密钥类型,包括 RSA 和 DSA 两种密钥,默认为 RSA。所以选项 C 和选项 D 是等价的。)

3. B(解析:MapReduce 不是集群,它只是一个应用程序开发包,也就是一堆 Java 的 jar 包,不需要安装。)

4. C(解析:A. 该文件主要用于配置 HDFS 相关的属性,例如,复制因子(即数据块的副本数)、NameNode 和 DataNode 用于存储数据的目录等;B. 修改 JAVA_HOME 的值;D. 该文件用于记录 Hadoop 集群所有从节点(HDFS 的 DataNode 和 YARN 的 NodeManager 所在主机)的主机名。)

5. D(解析:SecondaryNameNode、NameNode 和 DataNode 都属于 HDFS 集群。)

6. D(解析:A. 本文件是 YARN 框架的核心配置文件,用于配置 YARN 进程及 YARN 的相关属性;B. 该文件是 YARN 框架运行环境的配置,只需要修改 JAVA_HOME 的值;C. 名字是错的。)

7. D

8. A

9. A(解析:hadoop fs:HDFS 管理命令;hadoop jar:作业提交命令。)

第 3 章
Hadoop分布式文件系统基础入

引言

"巫马下士二人医四人""凡邦之有疾病者,疕疡者造焉,则使医分而治之,是亦不自医也。"出自清·俞樾《群经平议·周官二》。这是"分而治之"成语的出处,古人早有对分而治之的领悟,我们现在所要学习的分布式,正是基于这个理念。

分布式文件系统(Distributed File System,DFS)是指文件系统管理的物理存储资源不一定直接连接在本地节点上,而是通过计算机网络与节点(可简单地理解为一台计算机)相连;或是若干不同的逻辑磁盘分区或卷标组合在一起而形成的完整的有层次的文件系统。DFS 为分布在网络上任意位置的资源提供一个逻辑上的树形文件系统结构,从而使用户访问分布在网络上的共享文件更加简便。

分布式文件系统把大量数据分散到不同的节点上存储,大大降低了数据丢失的风险。分布式文件系统具有冗余性,部分节点的故障并不影响整体的正常运行,而且即使出现故障的计算机存储的数据已经损坏,也可以由其他节点将损坏的数据恢复。因此,安全性是分布式文件系统最主要的特征。分布式文件系统通过网络将大量零散的计算机连接在一起,形成一个巨大的计算机集群,使各主机均可以充分发挥其价值。此外,集群之外的计算机只需要经过简单的配置就可以加入分布式文件系统中,具有极强的可扩展能力。

Hadoop 分布式文件系统是指被设计成适合运行在通用硬件(Commodity Hardware)上的分布式文件系统。它和现有的分布式文件系统有很多共同点。但同时,它和其他的分布式文件系统的区别也是很明显的。HDFS 是一个高度容错性的系统,适合部署在廉价的机器上。HDFS 能提供高吞吐量的数据访问,非常适合大规模数据集上的应用。HDFS 放宽了一部分POSIX 约束,来实现流式读取文件系统数据的目的。HDFS 在最开始是作为 Apache Nutch 搜索引擎项目的基础架构而开发的。HDFS 是 Apache Hadoop Core 项目的一部分。

3.1　HDFS 的简介

HDFS 的简介

3.1.1　HDFS 的演变

HDFS 源于 Google 在 2003 年 10 月发表的 GFS(Google File System)论文,接下来从传统的文件系统入手,开始学习分布式文件系统。

传统的文件系统对海量数据的处理方式是将数据文件直接存储在一台服务器上,如图 3-1 所示。

从图 3-1 可以看出,传统的文件系统在存储数据时会遇到两个问题,具体如下:

(1)当数据量越来越大时,会遇到存储"瓶颈",这就需要扩容。

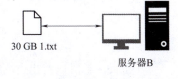

30 GB 1.txt　　　服务器B

图 3-1

(2)由于文件过大,上传和下载都非常耗时。

为了解决传统文件系统遇到的存储"瓶颈"问题,首先考虑的就是扩容。扩容有两种形式:一种是纵向扩容,即增加磁盘和内存;另一种是横向扩容,即增加服务器数量。通过扩大规模实现分布式存储,这种存储形式就是分布式文件存储的雏形,如图 3-2 所示。

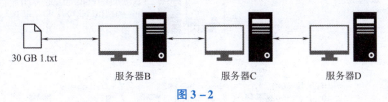

30 GB 1.txt　　　　　服务器B　　　　服务器C　　　　服务器D

图 3-2

解决了分布式文件系统的存储"瓶颈"问题之后,还需要解决文件上传与下载的效率问题,常规的解决办法是将一个大的文件切分成多个数据块,将数据块以并行的方式进行存储。这里以 30 GB 的文本文件为例,将其切分成 3 块,每块大小为 10 GB(实际上每个数据块都很小,只有 100 MB 左右),将其存储在文件系统中,如图 3-3 所示。

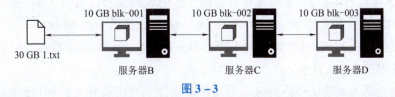

30 GB 1.txt　　　　服务器B　　　　服务器C　　　　服务器D

图 3-3

从图 3-3 可以看出,原先一台服务器要存储 30 GB 的文件,此时每台服务器只需要存储 10 GB 的数据块就完成了工作,从而解决了上传下载的效率问题。但是文件通过数据块分别存储在服务器集群中,那么如何获取一个完整的文件呢? 针对这个问题,需要考虑增加一台服务器,专门用来记录文件被切割后的数据块信息以及数据块的存储位置信息,如图 3-4 所示。

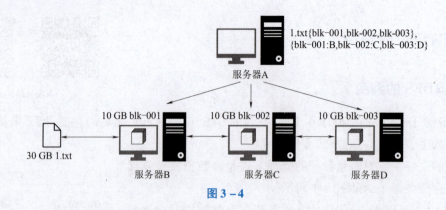

图 3-4

从图 3-4 可以看出,文件存储系统中增加了一台服务器 A 用于管理其他服务器,服务器 A 记录着文件被切分成多少个数据块,这些数据块分别存储在哪台服务器中,当客户端访问服务器 A 请求下载数据文件时,就能够通过类似查找目录的方式查找数据了。

通过前面的操作,看似解决了所有问题,但其实还有一个非常关键的问题需要处理,那就是当存储数据块的服务器中突然有一台机器宕机时,就无法正常地获取文件了。这个问题被称为单点故障。针对这个问题,可以采用备份的机制解决,如图 3-5 所示。

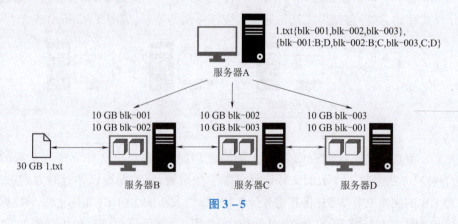

图 3-5

从图 3-5 可以看出,每台服务器中都存储了两个数据块进行备份。服务器 B 存储 blk-001 和 blk-002,服务器 C 存储 blk-002 和 blk-003,服务器 D 存储 blk-001 和 blk-003。当服务器 C 突然宕机时,还可以通过服务器 B 和服务器 D 查询完整的数据块供客户端访问下载。这就形成了简单的 HDFS。

这里的服务器 A 被称为 NameNode,它维护着文件系统内所有文件和目录的相关信息,服务器 B、C、D 被称为 DataNode,用于存储数据块。

3.1.2　HDFS 的基本概念

HDFS 是一个易于扩展的分布式文件系统,运行在成百上千台低成本的机器上。它与现有的分布式文件系统有许多相似之处,都是用来存储数据的系统工具,而区别在于 HDFS 具有高度容错能力,旨在部署在低成本机器上。HDFS 提供对应用程序数据的高吞吐量访问,主要用于对海量文件信息进行存储和管理,也就是解决大数据文件(如 TB 乃至 PB 级)的存储问题。首先,它是一个文件系统,用于存储文件,通过统一的命名空间——目录树来定位文件;其次,它是分布式的,由很多服务器联合起来实现其功能,集群中的服务器都有各自清晰的角色定位。本节将针对 HDFS 的基本概念进行详细讲解。

1. NameNode(名称节点)

NameNode 是 HDFS 集群的主服务器,通常称为名称节点或者主节点。一旦 NameNode 关闭,就无法访问 Hadoop 集群。NameNode 主要以元数据的形式进行管理和存储,用于维护文件系统名称并管理客户端对文件的访问;NameNode 记录对文件系统名称空间或其属性的任何更改操作;HDFS 负责整个数据集群的管理,并且在配置文件中可以设置备份数量,这些信息都由 NameNode 存储。

2. DataNode(数据节点)

DataNode 是 HDFS 集群中的从服务器,通常称为数据节点。文件系统存储文件的方式是将文件切分成多个数据块,这些数据块实际上是存储在 DataNode 节点中的,因此 DataNode 机器需要配置大量磁盘空间。它与 NameNode 保持不断的通信,DataNode 在客户端或者 NameNode 的调度下,存储并检索数据块,对数据块进行创建、删除等操作,并且定期向 NameNode 发送所存储的数据块列表,每当 DataNode 启动时,它将负责把持有的数据块列表发送到 NameNode 机器中。

3. Block(数据块)

每个磁盘都有默认的数据块大小,这是磁盘进行数据读/写的最小单位,HDFS 同样也有块(block)的概念,它是抽象的块,而非整个文件作为存储单元,数据块非常适合用于数据备份,进而可以提供数据容错能力和提高可用性。在 Hadoop 2. X 版本中,默认大小是 128 MB,且备份 3 份,分别保存到相互独立的机器上,这样就可以保证单点故障不会导致数据丢失。每个块尽可能地存储于不同的 DataNode 中。按块存储的好处主要是屏蔽了文件的大小(在这种情况下,可以将一个文件分成 N 个数据块存储到各个磁盘,从而简化了存储系统的设计,例如,一个文件的大小可以大于网络中任意一个磁盘的容量。文件的所有数据块并不需要存储在同一个磁盘上,因为它们可以利用集群中的任意一个磁盘进行存储;使用抽象的块,而不是整个文件作为存储单元,可以简化存储管理,使得文件的元数据可以单独管理。为了数据的安全,必须要进行备份,而数据块非常适合数据的备份),提供数据的容错性和可用性。

4. Rack(机架)

Rack 是用来存放部署 Hadoop 集群服务器的机架,不同机架之间的节点通过交换机通信,HDFS 通过机架感知策略,使 NameNode 能够确定每个 DataNode 所属的机架 ID,使用副本存放策略,来改进数据的可靠性、可用性和网络带宽的利用率。

5. Metadata(元数据)

元数据从类型上可分为三种信息形式:一是维护 HDFS 中文件和目录的信息,如文件名、目录名、父目录信息、文件大小、创建时间、修改时间等;二是记录文件内容,存储相关信息,如文件分块情况、副本个数、每个副本所在的 DataNode 信息等;三是用来记录 HDFS 中所有 DataNode 的信息,用于 DataNode 管理。

小提示：具体文件内容不是元数据，元数据是用于描述和组织具体的文件内容，如果没有元数据，具体的文件内容将变得没有意义。元数据的作用十分重要，它们的可用性直接决定了HDFS 的可用性。

3.1.3　HDFS 的特点

随着互联网数据规模的不断增大，对文件存储系统提出了更高的要求，需要更大的容量、更好的性能以及安全性更高的文件存储系统。与传统分布式文件系统一样，HDFS 也是通过计算机网络与节点相连，但也有传统分布式文件系统的优点和缺点。

1. 优点

（1）高容错性。

HDFS 可以由成百上千台服务器组成，每台服务器存储文件系统数据的一部分。HDFS 中的副本机制会自动把数据保存多个副本，DataNode 节点周期性地向 NameNode 发送心跳信号，当网络发生异常时，可能导致 DataNode 与 NameNode 失去通信，NameNode 和 DataNode 通过心跳检测机制，当发现 DataNode 宕机时，DataNode 中的副本丢失时，HDFS 则会从其他 DataNode 上面的副本自动恢复，所以 HDFS 具有高的容错性。

（2）流式数据访问。

HDFS 的数据处理规模比较大，应用程序一次需要访问大量的数据，同时，这些应用程序一般都是批量地处理数据，而不是用户交互式处理，所以应用程序能以流的形式访问数据集，请求访问整个数据集要比访问一条记录更加高效。

（3）支持超大文件。

HDFS 具有很大的数据集，用于在可靠的大型集群上存储超大型文件（GB、TB、PB 级别的数据）。它将每个文件切分成多个小的数据块进行存储，除了最后一个数据块之外的所有数据块大小都相同。数据块的大小可以在指定的配置文件中进行修改，在 Hadoop 3.X 版本中默认大小是 128 MB。

（4）高数据吞吐量。

HDFS 采用的是"一次写入，多次读取"这种简单的数据一致性模型，在 HDFS 中，一个文件一旦经过创建、写入、关闭，就不能进行修改了，只能进行追加，这样保证了数据的一致性，也有利于提高吞吐量。

（5）可构建在廉价的机器上。

Hadoop 的设计对硬件要求低，无须构建在昂贵的高可用性机器上，因为在 HDFS 设计中充分考虑到了数据的可靠性、安全性和高可用性。

2. 缺点

（1）高延迟性。

HDFS 不适用于低延迟数据访问的场景，例如，毫秒级实时查询。

（2）不适合小文件存取场景。

对于 Hadoop 系统，小文件通常定义为远小于 HDFS 的数据块大小（128 MB）的文件，由于每个文件都会产生各自的元数据，Hadoop 通过 NameNode 来存储这些信息，若小文件过多，容易导致 NameNode 存储出现"瓶颈"。元数据存储在 NameNode 内存中,一个节点的内存是有限的,存取大量小文件会消耗大量的寻道时间。

（3）不适合并发写入。

HDFS 目前不支持并发多用户的写操作,写操作只能在文件末尾追加数据。

3.2　HDFS 的存储架构和原理

HDFS 存储架构

3.2.1　HDFS 存储架构

HDFS 是一个分布式的文件系统,相比普通的文件系统来说更加复杂,因此在学习 HDFS 的操作之前有必要先来学习一下 HDFS 的存储架构,如图 3 – 6 所示。

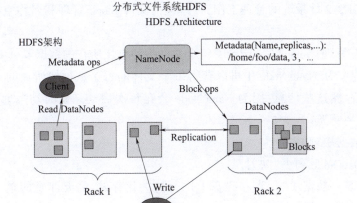

图 3 – 6

从图 3 – 6 可以看出,HDFS 采用主从架构(Master/Slave 架构)。HDFS 集群分别是由一个 NameNode 和多个 DataNode 组成。其中,NameNode 是 HDFS 集群的主节点,负责管理文件系统的命名空间以及客户端对文件的访问;DataNode 是集群的从节点,负责管理它所在节点上的数据存储。HDFS 中的 NameNode 和 DataNode 两种角色各司其职,共同协调完成分布式的文件存储服务。

那么,NameNode 是如何管理分布式文件系统的命名空间呢? 其实,在 NameNode 内部是以元数据的形式维护着两个文件,分别是 fsimage 镜像文件和 editlog 日志文件。其中,fsimage 镜像文件用于存储整个文件系统命名空间的信息,editlog 日志文件用于持久化记录文件系统元数据发生的变化。当 NameNode 启动的时候,fsimage 镜像文件就会被加载到内存中,然后对内存里的数据执行记录的操作,以确保内存所保留的数据处于最新的状态,这样就加快了元数据的读取和更新操作。

随着集群运行时间长,NameNode 中存储的元数据信息越来越多,这样就会导致 editlog 日志文件越来越大。当集群重启时,NameNode 需要恢复元数据信息,首先加载上一次的 fsimage

镜像文件,然后重复 editlog 日志文件的操作记录,一旦 editlog 日志文件很大,在合并的过程中就会花费很长时间,而且如果 NameNode 宕机,就会丢失数据。为了解决这个问题,HDFS 中提供了 SecondaryNameNode,它并不是要取代 NameNode,也不是 NameNode 的备份,它的职责主要是周期性地把 NameNode 中的 editlog 日志文件合并到 fsimage 镜像文件中,从而减小 editlog 日志文件的大小,缩短集群重启时间,并且保证了 HDFS 系统的完整性。

NameNode 存储的是元数据信息,元数据信息并不是真正的数据,真正的数据是存储在 DataNode 中的。DataNode 是负责管理它所在节点上的数据存储。DataNode 中的数据块是以文件的类型存储在磁盘中的,其中包含两个文件:一是数据本身(仅数据);二是每个数据块对应的一个元数据文件(包括数据长度、块数据校验和,以及时间戳)。

NameNode 就是 HDFS 的 master 架构,是一个主管、管理者。其主要职责有:

(1)响应客户端读/写请求。

(2)负责 HDFS 文件系统的管理工作,具体包括文件 block 管理和名称空间(name space)管理。

①文件 block 管理:NameNode 记录着每个文件中各个块所在的数据节点 DataNode 的位置信息(元数据信息),从 NameNode 中可以获得每个文件的每个数据块所在的 DataNode。但是它并不持久化地存储这些信息,因为 NameNode 会在每次启动系统时动态地重建这些信息。这些元数据信息主要为:

"文件名→数据块"映射。

"数据块→DataNode 列表"映射。

其中,"文件名→数据块"保存在磁盘上进行持久化存储,需要注意的是,NameNode 上不保存"数据块→DataNode 列表"映射,该列表是通过 DataNode 上报给 NameNode 建立起来的。

NameNode 执行文件系统的名称空间操作,例如,打开、关闭、重命名文件和目录,同时决定文件数据块到具体 DataNode 节点的映射。

②名称空间管理:它维护着文件系统树(file system tree)以及文件树中所有的文件和文件夹的元数据(metadata)。

那么,NameNode 是如何管理分布式文件系统的命名空间的呢?

其实,在 NameNode 内部是以元数据的形式维护着两个文件,分别是 fsimage 镜像文件和 editlog 操作日志文件。这些信息被缓存在 RAM 中,当然,这两个文件也会被持久化存储在本地硬盘。

其中,fsimage 镜像文件用于存储整个文件系统命名空间的信息,editlog 操作日志文件用于持久化记录文件系统元数据发生的变化。NameNode 是怎么把元数据保存到磁盘上的呢?当 NameNode 启动的时候,fsimage 镜像文件就会被加载到内存中,然后对内存里的数据执行记录的操作,以确保内存所保留的数据处于最新的状态,这样就加快了元数据的读取和更新操作。另外,在 NameNode 启动后,对文件系统的改动还会被持久化到 editlog 中。

只有在 NameNode 重启时,editlog 才会合并到 fsimage 文件中,从而得到一个文件系统的最新快照。但是,在生产环境中 NameNode 是很少重启的,这也意味着当 NameNode 运行了很长时间后,editlog 文件会变得很大。在这种情况下就会出现以下几个问题。

（1）editlog 文件变得越来越大，怎么去管理这个文件是一个挑战。

（2）NameNode 的重启会花费很长时间，因为有很多改动（在 editlog 中）要合并到 fsimage 文件上。

（3）如果 NameNode 宕机了，那么就丢失了很多改动，因为此时的 fsimage 文件非常旧。

因此，为了克服这个问题，需要一个易于管理的机制来帮助我们减小 editlog 文件的大小和得到一个最新的 fsimage 文件，这样也会减小在 NameNode 上的压力。这跟 Windows 的恢复点是非常像的，Windows 的恢复点机制允许对系统进行快照，这样当系统发生问题时，能够回滚到最新的一次恢复点上。

Client：客户端。

在 Hadoop 生态各组件里，分别有其对应的 Client。比如，在 HDFS 里，在分析其原理时，是 HDFSClient。同理，在 MapReduce 里，是 MapReduceClient。HDFS 提供了各种各样的客户端，包括命令行接口、JavaAPI 等。Client（代表用户）通过与 NameNode 和 DataNode 交互访问 HDFS 中的文件。

Client 的主要职责有：

（1）文件切分。文件上传 HDFS 的时候，Client 将文件切分成一个一个块，然后进行存储。

（2）与 NameNode 交互，获取文件的位置信息。

（3）与 DataNode 交互，读取或者写入数据。

（4）Client 提供一些命令来管理 HDFS，比如启动或者关闭 HDFS。

（5）Client 可以通过一些命令来访问 HDFS。

为了解决这个问题，HDFS 提供了 SecondaryNameNode（检查点节点），它并不是要取代 NameNode，也不是 NameNode 的备份，它的职责主要是：

（1）辅助 NameNode，分担其工作量。

（2）周期性地把 NameNode 中的 editlog 日志文件合并到 fsimage 镜像文件中，从而减小 editlog 日志文件的大小，缩短集群启动时间，并且保证了 HDFS 系统的完整性。

（3）在紧急情况下，可辅助恢复 NameNode。

SecondaryNameNode 工作流程：

（1）它定时到 NameNode 上获取 editlog 日志文件，并更新到 fsimage（SecondaryNameNode 自己的 fsimage）上。

（2）一旦它有了新的 fsimage 文件，它将其复制回 NameNode 中。

（3）NameNode 在下次重启时会使用这个新的 fsimage 文件，从而减少重启的时间。SecondaryNameNode 的整个目的是在 HDFS 中提供一个检查点。它只是 NameNode 的一个辅助节点。这也是它被认为是检查点节点的原因。

现在明白了 SecondaryNameNode 所做的不过是在文件系统中设置一个检查点来帮助 NameNode 更好地工作。它不是要取代 NameNode，也不是 NameNode 的备份。

DataNode 是 HDFS 的 slave 架构。NameNode 下达命令，DataNode 执行实际的操作。其主要职责有：

（1）存储整个集群所有数据块。

一个数据块会在多个 DataNode 中进行冗余备份，而一个 DataNode 对于一个数据块最多只包含一个备份。所以，可以简单地认为 DataNode 上存储了数据块 ID 和数据块内容，以及它们的映射关系。

一个 HDFS 集群可能包含上千个 DataNode 节点，这些 DataNode 定时和 NameNode 进行通信，接受 NameNode 的命令。为了减轻 NameNode 的负担，NameNode 上并不永久保存哪个 DataNode 上有哪些数据块的信息，而是通过 DataNode 启动时的上报来更新 NameNode 上的映射表。

DataNode 和 NameNode 建立连接后，就会不断地和 NameNode 保持联系，反馈信息中也包含了 NameNode 对 DataNode 的一些命令，如删除数据或者把数据块复制到另一个 DataNode 上。应该注意的是，NameNode 不会发起到 DataNode 的请求，在这个通信过程中，它们严格遵从客户端/服务器架构。

（2）处理数据块的读/写操作。

当然，DataNode 也作为服务器接受来自客户端的访问，处理数据块读/写请求。DataNode 之间还会相互通信，执行数据块复制任务，同时，在客户端执行写操作的时候，DataNode 之间需要相互配合，以保证写操作的一致性。

DataNode 是文件系统 worker 中的节点，用来执行具体的任务：存储文件块，被客户端和 NameNode 调用。同时，它会通过心跳（heartbeat）定时向 NameNode 发送所存储的文件块信息。

3.2.2　HDFS 文件读写原理

Client（客户端）对 HDFS 中的数据进行读写操作，分别是 Client 从 HDFS 中查找数据，即为 Read（读）数据；Client 从 HDFS 中存储数据，即为 Write（写）数据。下面对 HDFS 的读写流程进行详细介绍。假设有一个 1. txt 文件，大小为 300 MB，这样就划分出 3 个数据块，如图 3 - 7 所示。

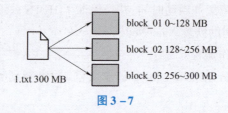

图 3 - 7

下面借助图 3 - 7 所示的文件，分别讲解 HDFS 文件读数据和写数据的原理。

1. HDFS 写数据原理

把文件上传到 HDFS 中，HDFS 究竟是如何存储到集群中去的？又是如何创建备份的？接下来学习客户端向 HDFS 中写数据的流程，如图 3 - 8 所示。

从图 3 - 8 可以看出，HDFS 中的写数据流程可以分为 12 个步骤，具体如下：

（1）客户端发起文件上传请求，通过 RPC（远程过程调用）与 NameNode 建立通信。

（2）NameNode 检查元数据文件的系统目录树。

（3）若系统目录树的父目录不存在该文件相关信息，返回客户端可以上传文件。

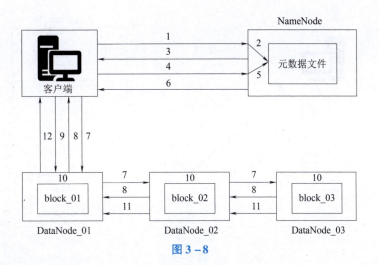

图 3 - 8

（4）客户端请求上传第一个数据块，以及数据块副本的数量（可以自定义副本数量，也可以使用集群规划的副本数量）。

（5）NameNode 检测元数据文件中 DataNode 信息池，找到可用的数据节点（DataNode_01、DataNode_02 和 DataNode_03）。

（6）将可用的数据节点的 IP 地址返回给客户端。

（7）客户端请求 3 个节点中的一台服务器 DataNode_01 进行传送数据（本质上是一个 RPC 调用，建立管道 Pipeline），DataNode_01 收到请求会继续调用服务器 DataNode_02，然后服务器 DataNode_02 调用服务器 DataNode_03。

（8）DataNode 之间建立 Pipeline 后，逐个返回建立完毕信息。

（9）客户端与 DataNode 建立数据传输流，开始发送数据包（数据是以数据包形式进行发送的）。

（10）客户端向 DataNode_01 上传第一个数据块，以 Packet 为单位（默认 64 KB）发送数据块。当 DataNode_01 收到一个 Packet，就会传给 DataNode_02，DataNode_02 传给 DataNode_03；DataNode_01 每传送一个 Packet，都会放入一个应答队列等待应答。

（11）数据被分割成一个个 Packet 数据包在 Pipeline 上依次传输，而在 Pipeline 反方向上，将逐个发送 Ack（命令正确应答），最终由 Pipeline 中第一个 DataNode 节点 DataNode_01 将 Pipeline 的 Ack 信息发送给客户端。

（12）DataNode 返回给客户端，第一个 Block 块传输完成。客户端则会再次请求 NameNode 上传第二个 block 块和第三个 block 块到服务器上，重复上面的步骤，直到 3 个 block 都上传完毕。

Hadoop 在设计时考虑到数据的安全与高效，数据文件默认在 HDFS 上存放 3 份：存储策略为本地 1 份、同机架内其他某一节点上 1 份、不同机架的某一节点上 1 份。

Ack：检验数据完整性的信息。

2. HDFS 读数据流程

前面已经知道客户端向 HDFS 写数据的流程，接下来学习客户端从 HDFS 中读数据的流程，如图 3 - 9 所示。

HDFS 读写流程

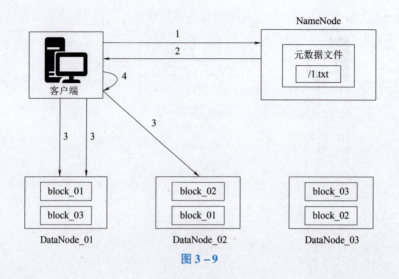

图 3-9

从图 3-9 中可以看出,HDFS 中的读数据流程可以分为 4 个步骤,具体如下:

(1)客户端向 NameNode 发起 RPC 请求,来获取请求文件 block 数据块所在的位置。

(2)NameNode 检测元数据文件,会视情况返回部分 block 块信息或者全部 Block 块信息。对于每个 block 块,NameNode 都会返回含有该 block 副本的 DataNode 地址。

(3)客户端会选取排序靠前的 DataNode 来依次读取 block 块(如果客户端本身就是 DataNode,那么将从本地直接获取数据),每一个 block 都会进行 CheckSum(完整性验证),若文件不完整,则客户端会继续向 NameNode 获取下一批 block 列表,直到验证读取出来文件是完整的,则 block 读取完毕。

(4)客户端会把读取出来所有的 block 块合并成一个完整的最终文件(如 1. txt)。

小提示:NameNode 返回的 DataNode 地址,会按照集群拓扑结构得出 DataNode 与客户端的距离,然后进行排序。排序有两个规则:网络拓扑结构中距离客户端近的靠前;心跳机制中超时汇报的 DataNode 状态为无效的,则排靠后。

3.3　HDFS 的 Shell 操作

HDFS 提供了多种数据访问方式,其中,命令行的形式是最简单的,同时也是许多开发者最容易掌握的方式,本节将针对 HDFS 的基本操作进行讲解。

Shell 在计算机科学中俗称"壳",是为使用者提供操作界面的软件,通过接收用户输入的命令执行相应的操作。Shell 分为图形界面 Shell 和命令行式 Shell。

HDFS Shell 包含类 Shell 的命令,示例如下:

```
hadoop fs < args >
hadoop dfs < args >
hdfs dfs < args >
```

上述命令中,hadoop fs 使用面最广,可以操作任何文件系统,如本地系统、HDFS 等;hadoop

dfs 则主要针对 HDFS,已经被 hdfs dfs 代替。

文件系统(FS)Shell 包含了各种类 Shell 的命令,可以直接与 Hadoop 分布式文件系统以及其他文件系统进行交互,如与 Local FS、HTTP FS、S3 FS 文件系统交互等。通过命令行的方式进行交互时,具体操作常用命令见表 3 −1。

表 3 −1

命令参数	功能描述	命令参数	功能描述
−ls	查看指定路径的目录结构	−put	上传文件
−du	统计目录下所有文件大小	−cat	查看文件内容
−mv	移动文件	−text	将源文件输出为文本格式
−cp	复制文件	−mkdir	创建空白文件夹
−rm	删除文件/空白文件夹	−help	帮助

从表 3 −1 可以看出,HDFS 支持的命令很多,但这里只列举常用的一部分,如果需要了解全部命令或使用过程中遇到问题,都可以使用"hadoop fs −help"命令获取帮助文档,也可以通过 Hadoop 官方文档学习。接下来详细学习这些常用的命令。

1. ls 命令

ls 命令用于查看指定路径的当前目录结构,类似于 Linux 系统中的 ls 命令,其语法格式如下:

```
hadoop fs −ls [ −d] [ −h] [ −R] <args >
```

其中,各项参数说明如下。
- −d:将目录显示为普通文件。
- −h:使用便于操作人员读取的单位信息格式。
- −R:递归显示所有子目录的信息。

示例代码如下:

```
hadaop fs −ls /
```

上述示例代码,执行完成后会展示 HDFS 根目录下的所有文件及文件夹。

2. mkdir 命令

mkdir 命令用于在指定路径下创建子目录,其中创建的路径可以采用 URI 格式进行指定,与 Linux 命令 mkdir 相同,可以创建多级目录。其语法格式如下:

```
hadoop fs −mkdir [ −p] <paths >
```

其中,−P 参数表示创建子目录来先检查路径是否存在,如果不存在,则创建相应的各级目录。

示例代码如下:

```
hadoop fs -mkdir -p /itcast/hadoop
```

上述示例代码是在 HDFS 的根目录下创建 itcast/hadoop 层级文件夹。-p 参数表示递归创建路径中的各级目录。执行命令后的效果如图 3-10 所示。

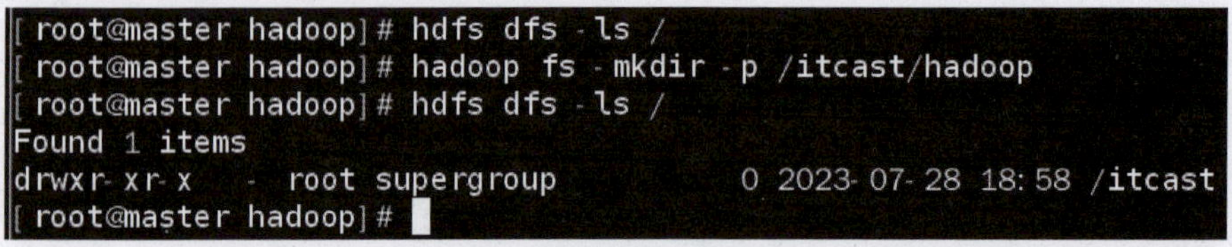

```
[root@master hadoop]# hdfs dfs -ls /
[root@master hadoop]# hadoop fs -mkdir -p /itcast/hadoop
[root@master hadoop]# hdfs dfs -ls /
Found 1 items
drwxr-xr-x   - root supergroup          0 2023-07-28 18:58 /itcast
[root@master hadoop]#
```

图 3-10

3. put 命令

put 命令用于将本地系统的文件或文件夹复制到 HDFS 上,其语法格式如下:

```
hadoop fs -put [ -f ] [ -p ] < locationsrc > <det >
```

其中各项说明如下:

- -f:覆盖目标文件。
- -P:保留访问和修改时间、权限。

示例代码如下:

```
dfs -put core-site.xml
```

put 命令效果如图 3-11 所示。

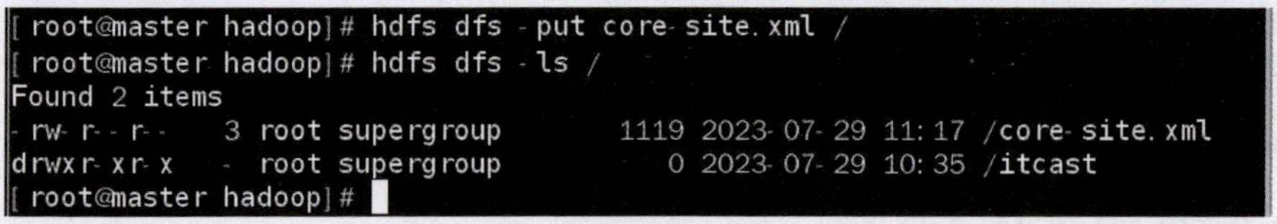

```
[root@master hadoop]# hdfs dfs -put core-site.xml /
[root@master hadoop]# hdfs dfs -ls /
Found 2 items
-rw-r--r--   3 root supergroup       1119 2023-07-29 11:17 /core-site.xml
drwxr-xr-x   - root supergroup          0 2023-07-29 10:35 /itcast
[root@master hadoop]#
```

图 3-11

4. 管理命令 fs

在集群正常运行的前提下,使用如下方法进行 Shell 操作:

```
hadoop fs -help
```

help 命令除了可以显示所有命令的帮助信息外,也可以用于显示指定命令的帮助信息,其语法格式如下:

```
                    hadoop fs -help [cmd ...]
```

示例:

```
hadoop fs -help ls
```

效果如图 3－12 所示。

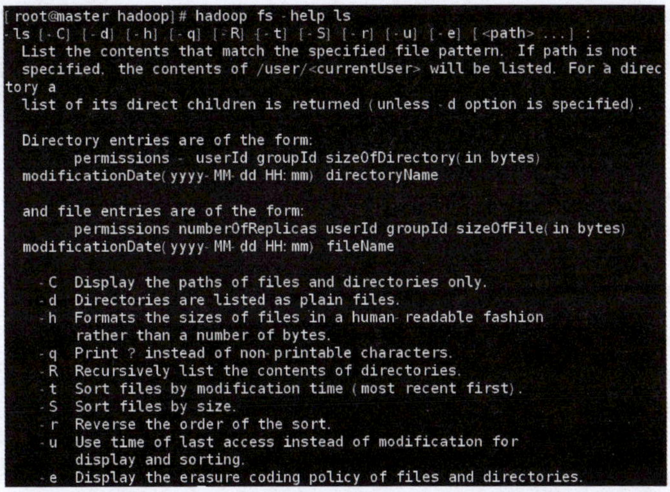

```
[root@master hadoop]# hadoop fs -help ls
-ls [-C] [-d] [-h] [-q] [-R] [-t] [-S] [-r] [-u] [-e] [<path> ...] :
  List the contents that match the specified file pattern. If path is not
  specified, the contents of /user/<currentUser> will be listed. For a direc
tory a
  list of its direct children is returned (unless -d option is specified).

  Directory entries are of the form:
        permissions - userId groupId sizeOfDirectory(in bytes)
  modificationDate(yyyy-MM-dd HH:mm) directoryName

  and file entries are of the form:
        permissions numberOfReplicas userId groupId sizeOfFile(in bytes)
  modificationDate(yyyy-MM-dd HH:mm) fileName

    -C  Display the paths of files and directories only.
    -d  Directories are listed as plain files.
    -h  Formats the sizes of files in a human-readable fashion
        rather than a number of bytes.
    -q  Print ? instead of non-printable characters.
    -R  Recursively list the contents of directories.
    -t  Sort files by modification time (most recent first).
    -S  Sort files by size.
    -r  Reverse the order of the sort.
    -u  Use time of last access instead of modification for
        display and sorting.
    -e  Display the erasure coding policy of files and directories.
```

图 3－12

上述示例代码执行完成后，会展示指定命令 ls 的帮助信息。

5. get 命令

get 命令等同于 copyToLocal，用于将 HDFS 的文件或文件夹复制到本地文件系统上，其语法格式如下：

```
hadoop fs -get [-p] [-ignoreCrc] [-crc] <src>…<localdst>
hadoop fs -copyToLocal [-p] [-ignoreCrc] [-crc] <src>…<localdst>
```

其中，各项参数说明如下：

① －p：保留访问和修改时间、权限。

② －ignoreCrc：跳过对下载文件的 CRC 检查。

③ －crc：为下载的文件写的 CRC 校验和，在本地文件系统中生成一个 . xxx. crc 的校验文件。

示例：下载文件。

```
hdfs dfs -get -crc /core-site.xml
```

上述示例代码是将 HDFS 上的/core－site. xml 文件下载到本地文件系统的当前目录，并为下载的文件生成一个校验文件。上述命令执行成功后，查询本地文件系统相应的目录，如图 3－13 所示。

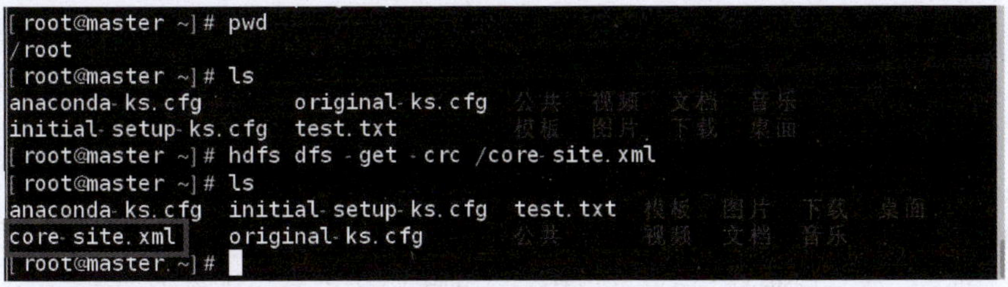

```
[root@master ~]# pwd
/root
[root@master ~]# ls
anaconda-ks.cfg       original-ks.cfg  公共  视频  文档  音乐
initial-setup-ks.cfg  test.txt         模板  图片  下载  桌面
[root@master ~]# hdfs dfs -get -crc /core-site.xml
[root@master ~]# ls
anaconda-ks.cfg  initial-setup-ks.cfg  test.txt  模板  图片  下载  桌面
core-site.xml    original-ks.cfg       公共      视频  文档  音乐
[root@master ~]#
```

图 3－13

6. cp 命令

cp 命令用于将指定文件从 HDFS 的一个路径(源路径)复制到 HDFS 的另外一个路径(目标路径)。这个命令允许有多个源路径,此时目标路径必须是一个目录。其语法格式如下:

```
hadoop fs -cp [-f] [-p] <src>…<dst>
```

其中,各项参数说明如下:

① -f:覆盖目标文件。

② -p:保留访问和修改时间、权限。

示例:复制文件。

```
hadoop fs -cp /core-site.xml /usr/local/etc
```

上述示例代码是将 HDFS 根目录下的 core-site.xm 文件复制到 HDFS 的/usr/local/etc 目录下。命令执行成功后,查询 HDFS 中的/usr/local/etc 目录,如图 3-14 所示。

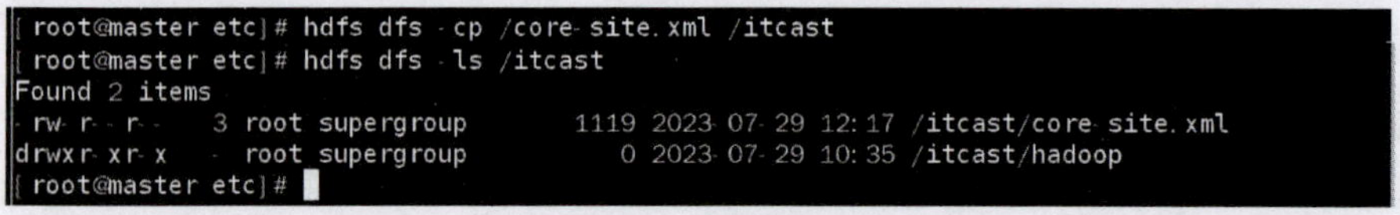

图 3-14

7. mv 命令

mv 命令用于在 HDFS 目录中移动文件,不允许跨文件系统移动文件。其语法格式如下:

```
hadoop fs -mv <src>…<dst>
```

示例:移动文件。

```
hadoop fs -mv /itcast/hadoop/core-site.xml /
```

上述命令将 HDFS/itcast/hadoop/目录下的 core-site.xml 文件移动到了 HDFS 的根目录下。

8. rm 命令

rm 命令用于在 HDFS 中删除指定文件或文件夹。默认情况下,HDFS 禁用了"回收站"功能,可以通过为参数"fs.trash.interval"(在 core-site.xml 中,单位为 min)设置大于零的值来启用"回收站"功能。其语法格式如下:

```
hadoop fs -mi [-f] [-r|-R] [-skipTrash] <src>
```

其中,各项参数说明如下:

① -f:覆盖目标文件。

② -r|-R:递归删除目录。

③ -skipTrash:绕过回收站(如果已启用),立即删除指定的文件或文件夹。

示例：删除文件和文件夹。

```
hadoop fs - rm /core - site.xml
hadoop fs - rm - r /itcast
```

执行上述命令可以成功删除 HDFS 根目录下的 README. txt 文件和 hadoop2. 7. 7 目录。

9. rmdir 命令

rmdit 命令用于删除 HDFS 上的空目录。其语法格式如下：

```
hadoop fs - rm dir < dir >
```

示例：删除空文件夹。

```
hadoop fs - mkdir /test
hadoop fs - rm  dir /test
```

上述命令只能删除空目录，若是删除非空目录，需要使用 rm - r 命令。

10. cat 命令

cat 命令用于将路径指定文件的内容输出到 stdout，其语法格式如下：

```
hadoop fs - cat [ - ignoreCrc] < sre >
```

示例：查看文件内容。

```
hadoop fs - cat /core - site.xml
```

上述命令执行成功后，会在控制台上打印指定文件的全部内容。

11. tail 命令

tail 命令用于将指定文件最后 1 KB 的内容输出到 stdout，一般用于查看日志。其语法格式如下：

```
hadoop fs - tail [ - f] < file >
```

其中，- f 参数用于显示文件增长时附加的数据。

示例：查看文件最后 1 KB 的内容。

```
hadoop fs - tail  /core - site.xml
```

上述命令执行成功后，会在控制台上打印指定文件的最后 1 KB 的内容。

12. appendToFile 命令

appendToFile 命令用于追加一个或多个文件内容到已经存在的文件末尾，其语法格式如下：

```
hadoop fs - appendToFile < localsrc >.. < dst >
```

注意：HDFS 文件不能进行修改，但是可以进行追加。

准备任意 1 个或多个文件（内容随意），将其追加到 README. txt 文件中：

```
hadoop fs – appendToFile 1.txt 2.txt /hadoop2.7.7 /data /README.txt。
```

命令执行完成后，使用 cat 命令将文件内容显示到控制台上。

13. getmerge 命令

getmerge 命令用于合并下载多个文件，指定一个源目录和一个目标文件，将源目录中所有的文件合并，并按照顺序连接成本地的一个目标文件。其语法格式如下：

```
hadoop fs – getmerge [ –nl] < src > < localdst >
```

其中，–nl 参数用于在每个文件的末尾添加一个换行符。

准备任意三个文件，分别命名为 1. txt、2. txt 和 3. txt，在这三个文件里写入任意内容。这里分别写入了 1、2、3，将这三个文件上传到 HDFS 的/merge（若没有先创建）目录下，创建目录和上传文件的命令如下所示。

```
hadoop fs – mkdir /merge
hadoop fs – put 1.txt 2.txt 3.txt /merge
```

14. 修改权限命令 chmod

chmod 命令用于改变文件的权限，命令的使用者必须是文件的所有者或者超级用户。其语法格式如下：

```
hadoop fs – chmod [ –R] PATH
```

其中，–R 参数将使改变在目录结构下递归进行。

示例：递归修改文件和文件夹权限。

```
hadoop fs – chmod –R 766 /itcast
```

上述命令递归修改了/itcast 目录下所有文件和文件夹的权限，可以使用 ls 命令进行验证。

15. chown 命令

chown 命令用于改变文件的拥有者或所属组，命令的使用者必须是文件的所有者或者超级用户。其语法格式如下：

```
hadoop fs – chown [ –R][OWNER][:[GROUP]] PATH
```

其中，–R 参数将使改变在目录结构下递归进行。

示例：修改文件的拥有者和所属组。

```
hadoop fs – chown hadoop:hadoop /itcast
```

上述命令修改了 HDFS 中 README.txt 文件的拥有者和所属组,可以使用 ls 命令进行验证。

16. 统计命令 count

count 命令用于统计指定目录下的目录数、文件数和字节数。其语法格式如下:

```
hadoop fs - count [ -h] <path >
```

其中,- h 参数使用便于操作人员读取的单位信息格式。

示例:统计指定目录下的目录数、文件数和字节数。

```
hadoop fs - count - h  /tmp
```

上述命令执行成功后,会在控制台打印/tmp 目录的各项统计情况。

17. df 命令

df 命令用于统计文件系统的容量、可用空间和已用空间信息。其语法格式如下:

```
hadoop fs - df [ -h] [ <path >..]
```

其中,- h 参数使用便于操作人员读取的单位信息格式。

示例:统计文件系统的容量、可用空间和已用空间信息。

```
hadoop fs - df - h /
```

上述命令执行成功后,会在控制台打印文件系统的各项容量信息。

18. du 命令

du 命令用于显示指定目录下所有文件和文件夹的大小,或者当只指定一个文件时,显示此文件的大小。其语法格式如下:

```
hadoopfs  - du [ -s]  [ -h]  <path >
```

其中,各项参数说明如下:

① - s:不显示指定目录下每个单独文件的大小,只统计目录所占用空间的总大小。

② - h:使用便于操作人员读取的单位信息格式。

为了便于观察,可以在 HDFS 上级联创建/hadoop/data 目录,将本地文件系统的 HADOOP_HOME/share/hadoop/mapreduce 目录下的 hadoop - mapreduce - examples - 3.1.3.jar 代码包上传到 HDFS 的/hongya/data 目录中,将本地 $HADOOP_HOME 目录下的 README.txt 和 NOTICE.xt 文件上传到 HDFS 的/hadoop 目录下。最后执行上述命令进行查看。

```
hadoop fs -mkdir -p /hadoop/data
hadoop fs - put $HADOOP_HOME/share/hadoop/mapreduce/hadoop - mapreduce - examples -
3.1.3.jar /hadoop/data
hadoop fs - put $HADOOP_HOME/READNE.txt SHADOOP_HONE/NOTICE.txt /hadoop
hadoop fs - du - h /hadoop
```

效果如图 3 – 15 所示。

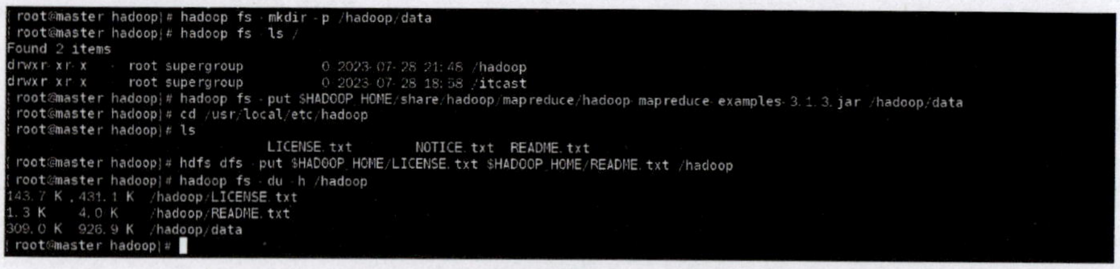

图 3 – 15

项目实践

结合本章内容,在 CentOS 操作系统中搭建 Hadoop 的三种模式的集群。

需要注意的是,安装好 CentOS 后,要做好相关设置,比如虚拟机网卡的连接模式。在 VMware 中,虚拟机的网络连接主要是由 VMware 创建的虚拟交换机(也叫作虚拟网络)负责实现的,VMware 可以根据需要创建多个虚拟网络。

VMware 的虚拟网络都是以"VMnet + 数字"的形式来命名的,例如 VMnet0、VMnet1、VMnet2、…(在 Linux 系统的主机上,虚拟网络的名称均采用小写形式,例如 vmnet0)。

交换机是互联同一局域网的设备,进行简单的存储、转发,不对数据进行任何更改。所以,虚拟机的网络连接(与本地主机的通信、虚拟机与虚拟机之间的通信等)都是由虚拟交换机实现的。

三种网卡的区别如下。

1. VMnet1:仅主机模式(与主机共享的专用网络)

仅主机模式,将创建完全包含在主机中的专用网络。仅主机模式的虚拟网络适配器仅对主机可见,并在虚拟机和主机系统之间提供网络连接。相对于 NAT 模式而言,仅主机模式不具备 NAT 功能,因此,在默认情况下,使用仅主机模式网络连接的虚拟机无法连接到 Internet(在主机上安装合适的路由或代理软件,或者在 Windows 系统的主机上使用 Internet 连接共享功能,仍然可以让虚拟机连接到 Internet 或其他网络)。

在同一台主机上可以创建多个仅主机模式的虚拟网络,如果多个虚拟机处于同一个仅主机模式网络中,那么它们之间是可以相互通信的;如果它们处于不同的仅主机模式网络,则默认情况下无法进行相互通信(可通过在它们之间设置路由器来实现相互通信)。

虚拟机与虚拟机之间可以互访,主机与虚拟机之间可以互访,但虚拟机无法访问外网,外网也无法访问虚拟机。

2. VMnet8:NAT 网络地址转换(用于共享主机的 IP 地址)

NAT(Network Address Translation,网络地址转换)模式也是 VMware 创建虚拟机的默认网络连接模式。使用 NAT 模式网络连接时,VMware 会在主机上建立单独的专用网络,用于在主机和虚拟机之间相互通信。虚拟机向外部网络发送的请求数据"包裹",都会交由 NAT 网络适配器加上"特殊标记"并以主机的名义转发出去,外部网络返回的响应数据"包裹",也是先由主机接收,然后交由 NAT 网络适配器根据"特殊标记"进行识别,并转发给对应的虚拟机,虚拟机在外部网络中不必具有自己的 IP 地址。从外部网络来看,虚拟机和主机在共享一个 IP 地址,默认情况下,外部网络终端也无法访问到虚拟机。

此外,在一台主机上只允许有一个 NAT 模式的虚拟网络。因此,同一台主机上的多个采用 NAT 模式网络连接的虚拟机也是可以相互访问的。

默认情况下,外部网络无法访问到虚拟机,不过也可以通过手动修改 NAT 设置实现端口转发功能,将外部网络发送到主机指定端口的数据转发到指定的虚拟机上。

虚拟机与虚拟机之间可以互访,主机与虚拟机之间可以互访。虚拟机可以通过主机访问外网,但是外网无法访问虚拟机。使用 NAT 网络模式,在宿主机安装多台虚拟机,和宿主组成一个小局域网。宿主机、虚拟机之间都可以互相通信,虚拟机也可以访问外网。

3. VMnet0:桥接模式(直接连接物理网络)

将虚拟机的虚拟网络适配器与主机的物理网络适配器进行交接,虚拟机中的虚拟网络适配器可通过主机中的物理网络适配器直接访问到外部网络。简而言之,这就好像在局域网中添加了一台新的、独立的计算机一样。因此,虚拟机也会占用局域网中的一个 IP 地址,并且可以和其他终端进行相互访问。虚拟机可以通过主机访问外网,外网可以访问虚拟机。虚拟机相当于一台实体机,可以自由访问与被访问及上网。

安装 VMware Workstation 时,默认会安装 3 块虚拟网卡,分别是 VMnet0、VMnet1、VMnet8。

本章习题

一、填空题

1. _____是一个易于扩展的分布式文件系统,运行在成百上千台低成本的机器上。

2. _____是 HDFS 集群的主服务器,通常称为名称节点或者主节点。

3. _____是 HDFS 集群中的从服务器,通常称为数据节点。

4. 在 Hadoop2.X 版本中,数据块默认大小是_____MB。

5. 在 NameNode 内部是以_____的形式维护着 fsimage 镜像文件和 editlog 操作日志文件。

6. 一个数据块 block 会在多个 DataNode 中进行冗余备份,而一个 DataNode 对于一个数据块最多只包含_____个备份。

7. $HADOOP_HOME/bin 目录下的_____脚本是最基础的集群管理脚本,用户可以通过该脚本完成各种功能,如 HDFS 文件管理、MapReduce 作业管理等。

8. 现在想要在 HDFS 上级联创建/hadoop/data 目录,可以使用_____命令。

9. _____命令用于统计指定目录下的目录数、文件数和字节数。

二、选择题

1. 下列选项中,关于 HDFS 的特点,描述有误的是(　　)。

A. HDFS 具有高容错性,主要体现在两个方面:一是数据能够自动保存两个副本;二是副

本丢失后,能够自动恢复

B. HDFS 是一个文件系统,它适合所有文件的存储,既可以存储超大型文件,同时也非常适合小文件的存取

C. Hadoop 的设计对硬件要求低,所以 HDFS 集群可以构建在廉价的机器上

D. HDFS 不适用于高延迟数据访问的场景

2. HDFS 采用主从架构,下列选项中,属于 HDFS 架构组成部分的是(　　)。

A. SecondaryDataNode　　　　　　B. NameNode

C. DataNode　　　　　　D. HDFS Client

3. 下列选项中,属于 Client 的主要职责有(　　)。

A. 文件上传 HDFS 的时候,Client 将文件切分成一个一个的 block,然后进行存储

B. 与 NameNode 交互,获取文件的位置信息

C. 与 SecondaryNameNode 交互,读取或者写入数据

D. 提供一些命令来管理 HDFS,比如启动或者关闭 HDFS

4. 下列选项中,对 SecondaryNameNode 的理解有误的是(　　)。

A. SecondaryNameNode 并不是要取代 NameNode,它主要是用来辅助 NameNode 的,帮其分担工作量

B. SecondaryNameNode 会周期性地把 NameNode 中的 fsimage 镜像文件合并到 editlog 日志文件中

C. 在紧急情况下,SecondaryNameNode 可辅助恢复 NameNode

D. SecondaryNameNode 的作用是在 HDFS 中提供一个检查点,它只是 NameNode 的一个助手节点

5. hadoop fs － ls /命令与(　　)命令是等价的。

A. hadoop fs － ls hdfs://localhost:9000/

B. hadoop fs － ls hdfs://localhost:50070/

C. hadoop fs － ls hadoop://localhost:9000/

D. hadoop fs － ls hadoop://localhost:50070/

6. 下列选项中,说法有误的是(　　)。

A. 使用 hadoop fs － cat 命令可以查看文件增长时附加的数据

B. cat 命令用于将路径指定文件的内容标准输出到控制台

C. head 命令用于将指定文件前 10 行的内容标准输出到控制台

D. tail 命令用于将指定文件最后 10 行的内容标准输出到控制台

7. 下列选项中的命令,可以执行成功的是(　　)。

A. hadoop fs cat hongya.txt　　　　B. hadoop fs cat /hongya.txt

C. hadoop fs － cat hongya.txt　　　　D. hadoop fs － cat /hongya.txt

三、实操题

1. HDFS 的 Shell 操作练习,具体要求如下:

(1)查看 HDFS 的根目录。

(2)在 HDFS 的根目录下创建一个名为 test1 和 hadoop 的目录。

(3)在 HDFS 的根目录下级联创建 test2/data 目录。

(4)将 $HADOOP_HOME/README.txt 文件上传到 HDFS 集群中的/test1 目录下。

(5)将/root/.bash_profile 配置文件上传到 HDFS 集群中的/hadoop 目录下。

(6)将 HDFS 上/hadoop/.bash_profile 的内容输出到控制台上。

(7)将/testl/README.txt 文件复制一份到/test2/data 中。

(8)从/test1 目录中将 README.txt 文件移动到根目录下。

(9)删除根目录中的 README.txt 文件。

(10)删除根目录下的 test2 目录。

(11)将 test.txt(在本地手动创建,内容为"helloworld")文件内容追加到 HDFS 的/hadoop/.bash_profile 文件的末尾,并查看追加结果。

(12)修改/hadoop(包含其中的所有文件)的权限为 744。

(13)统计/hadoop 的目录数、文件数和字节数。

(14)统计 HDFS 文件系统的总大小和可用空间信息。

(15)设置/hadoop/.bash_profile 文件的副本数为 2。

本章习题答案:

一、填空题

1. HDFS

2. NameNode

3. DataNode

4. 128

5. 元数据

6. 一

7. hadoop

8. hadoop fs －mkdir －p /hadoop/data

9. count

二、选择题

1. ABD(解析:A. 数据自动保存 3 个副本;B. HDFS 支持超大文件的存储,但是不适合小文件的存取,因为小文件过多,容易导致 NameNode 存储出现"瓶颈";D. HDFS 不适用于低延迟数据访问场景,适合离线处理,不适合实时处理。)

2. BCD(解析:选项 A 应该是 SecondaryNameNode。)

3. ABD(解析:C. 与 DataNode 交互,读取或者写入数据。)

4. B(解析:选项 B 应该是,周期性地把 NameNode 中的 editlog 日志文件合并到 fsimage 镜像文件中。)

5. A(解析:可以通过 50070 端口访问 HDFS 的 Web UI 界面。)

6. ACD(解析:A. 应该是 hadoop fs － tail 命令;C. Hadoop 中没有 head 命令;D. tail 命令用于将指定文件最后 1 KB 的内容标准输出到控制台。)

7. D(解析:hadoop fs 后的参数要有。另外,因为操作的是 HDFS 上的目录,所以必须要加"/"(也就是只能写完整的路径)。)

第4章

HDFS的核心设计

引言

本章主要介绍 HDFS 的四大核心设计。通过本章的学习,读者能理解 Hadoop 的心跳机制和 HDFS 的垃圾回收机制,重点掌握 HDFS 副本存放策略以及进入和退出 HDFS 安全模式的方式。

4.1 心跳机制和垃圾回收机制

4.1.1 Hadoop 心跳机制

4.1.1.1 心跳机制简介

现在有这样一个应用场景:

在长连接下,有可能很长一段时间都没有数据往来。理论上说,这个连接是一直保持连接的,但是在实际情况中,如果中间节点出现故障,是难以知道的。更重要的是,有的节点(防火墙)会自动把一定时间内没有数据交互的连接断掉。这时就需要使用心跳包来维持长连接。

那么,什么是心跳机制呢?

心跳机制就是每隔几分钟发送一个固定信息给服务端,服务端收到后,回复一个固定信息。如果服务端几分钟内没有收到客户端信息,则视客户端断开。

发包方:可以是客户也可以是服务端,看哪边实现方便合理。

心跳包之所以叫心跳包,是因为它像心跳一样,每隔一段固定时间发一次,以此来告诉服务器这个客户端还"活着"。事实上,这是为了保持长连接,至于这个包的内容,是没有什么特别规定的,不过一般都是很小的包,或者只包含包头的一个空包。心跳包主要用于长连接的保活和断线处理。一般应用下,判定时间在 30~40 s,如果要求较高,可以设置在 6~9 s 之间。

Hadoop 心跳机制解析:

①Hadoop 集群是 master/slave 结构,master 中有 NameNode 和 ResourceManager,slave 中有 DataNode 和 NodeManager。

②master 启动的时候会启动一个 IPC(inter – process comunication,进程间通信)Server 服务,等待 slave 的连接。

③slave 启动时,会主动连接 master 的 IPC Server 服务,并且每隔 3 s 连接一次 master,这个间隔时间是可以调整的,参数为 dfs. heartbeat. interval,这个每隔一段时间去连接一次的机制称为心跳。

④slave 通过心跳汇报自己的信息给 master,master 也通过心跳给 slave 下达命令;NameNode 通过心跳得知 DataNode 的状态,ResourceManager 通过心跳得知 NodeManager 的状态。

⑤如果 master 长时间都没有收到 slave 的心跳,就认为该 slave 已经"死亡"。

4.1.1.2 心跳机制配置

NameNode 感知到 DataNode 掉线"死亡"的时长计算:

HDFS 默认超时时间为 630 s,这里暂且定义超时时间为 timeout。计算公式为:

$$timeout = 2 \times dfs.\ namenode.\ heartbeat.\ recheck - interval + 10 \times dfs.\ heartbeat.\ interval$$

参数说明:

dfs. namenode. heartbeat. recheck - interval:重新检查时长,默认为 5 min。

dfs. heartbeat. interval:DataNode 的心跳检测间隔时间,默认为 3 s。可以查看 Hadoop 当前版本的 hdfs - default. xml 配置项,见表 4 - 1。

表 4 - 1

参数名	值	描述
dfs. namenode. heartbeat. recheck - interval	300000	这个时间决定了检查过期数据节点 DataNode 的时间间隔。使用此值和 dfs、heartbeats interval,还将计算判断 DataNode 是否过时的时间间隔,此配置的单位为毫秒
dfs. heartbeat. interval	3	以秒为单位确定数据节点 DataNode 心跳间隔

需要注意的是,hdfs - default. xml 配置文件中的 dfs. namenode. heartbeat. recheck - interval 的单位为毫秒,dfs. heartbeat. interval 的单位为秒。

示例:dfs. namenode. heartbeat. recheck - interval 设置为 15 000 ms,dfs. heartbeat. interval 设置为 3 s,则总的超时时间为 60 s。

可以在 ＄HADOOP_HOME/etc/hadoop/hdfs - site. xml 配置文件中配置这两个参数,进行验证:

```
<property>
    <name>dfs.namenode.heartbeat.recheck-interval</name>
    <value>15000</value>
</property>
<property>
    <name>dfs.heartbeat.interval</name>
    <value>3</value>
</property>
```

注意:在修改配置文件之前,需要将 HDFS 集群关闭,修改完成后再重启 HDFS 集群,此时

修改的配置文件才会生效。重启 HDFS 集群后,关闭本机上的 DataNode 进程进行验证。关闭的命令如下:

```
kill -9 pid
```

如图 4-1 所示。

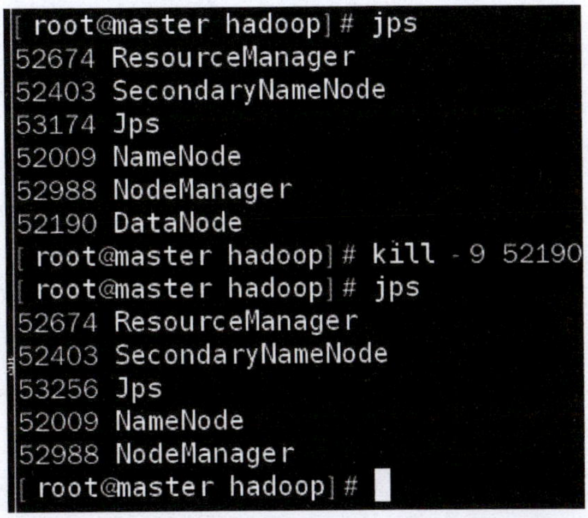

```
[root@master hadoop]# jps
52674 ResourceManager
52403 SecondaryNameNode
53174 Jps
52009 NameNode
52988 NodeManager
52190 DataNode
[root@master hadoop]# kill -9 52190
[root@master hadoop]# jps
52674 ResourceManager
52403 SecondaryNameNode
53256 Jps
52009 NameNode
52988 NodeManager
[root@master hadoop]#
```

图 4-1

通过宿主机的浏览器访问 http://localhost:9870,进入 HDFS Web UI 界面,查看"Datanodes"列表信息(图 4-2),不断刷新,如图 4-3 所示。

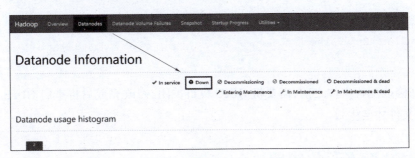

图 4-2

因为设置的总的超时时间为 60 s,所以 NameNode 在连续 60 s 中没有得到 DataNode 的信息才会认为当前的 DataNode 宕机。

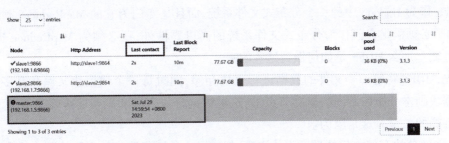

图 4-3

4.1.2 垃圾回收机制

何为垃圾回收？即开启垃圾回收站，把删除的文件首先放置在回收站中，等待配置的时间结束，进行真正的数据删除。

在默认情况下，HDFS 的垃圾回收机制是没有开启的，但是 HDFS 是可以开启垃圾回收机制的。

启动 HDFS 上的垃圾回收机制只需要配置两个参数：

①第一个参数：fs. trash. interval，表示检查点被删除之前的分钟数，默认为 0，单位为分钟。如果为 0，则表示禁用垃圾回收功能。这里可以设置为 1 440 min，即 1 天，保留在垃圾回收站的文件或文件夹超过 1 天后会自动删除。在生产上的 HDFS 垃圾回收机制是必须开启的，一般设置成 7 天或者 14 天。

②第二个参数：fs. trash. checkpoint. interval，表示垃圾检查点之间的分钟数，默认为 0，单位为分钟。该值应该小于或等于 fs. trash. interval，如果为 0，则将该值设置为 fs. trash. interval 的值，所以在生产上直接设置为 0。每次检查点运行时，它都会创建一个新的检查点，并删除超过 fs. trash. interval 分钟前创建的检查点。

需要在配置文件 $HADOOP_HOME/etc/hadoop/core-site. xml 中设置回收机制：

```
<property>
    <name>fs.trash.interval</name>
    <value>1440</value>
</property>
<property>
    <name>fs.trash.checkpoint.interval</name>
    <value>0</value>
</property>
```

注意：在修改配置文件之前，需要将 HDFS 集群关闭，修改完成后再重启 HDFS 集群，此时修改的配置文件才会生效。

4.2 HDFS 副本存放策略

4.2.1 副本存放策略的作用

HDFS 作为 Hadoop 中的一个分布式文件系统，而且是专门为它的 MapReduce 设计，所以，HDFS 除了必须满足自己作为分布式文件系统的高可靠性外，还必须为 MapReduce 提供高效的读写性能。那么 HDFS 是如何做到这些的呢？

首先，HDFS 将每一个文件的数据进行分块存储，同时每一个数据块又保存有多个副本，这些数据块副本分布在不同的机器节点上，这种数据分块存储和副本的策略是 HDFS 保证可靠性和性能的关键。这是因为：

（1）文件分块存储之后按照数据块来读，提高了文件随机读的效率和并发读的效率。

（2）保存数据块若干副本到不同的机器节点，在实现可靠性的同时，也提高了同一数据块的并发读效率。

（3）数据分块非常切合 MapReduce 中任务切分的思想。

所以，副本的存放策略是 HDFS 实现高可靠性和高性能的关键。

4.2.2　机架感知

大型 Hadoop 集群是以机架的形式来组织的，两个不同机架上的节点是通过交换机实现通信的，在大多数情况下，相同机架上节点间的网络带宽优于不同机架上的节点。

另外，Hadoop 将每个文件的数据进行分块存储，每一个数据块又保存有多个副本，NameNode 设法将数据块副本保存在不同的机架上，以提高容错性。

那么 HDFS 是如何确定两个节点是否是同一节点的呢？如何确定不同节点跟客户端的远近呢？答案就是机架感知。

有了机架感知，NameNode 就能够画出如图 4-4 所示的 DataNode 网络拓扑图。D1、D2 是机房，R1、R2 是机架，最底层是 DataNode。

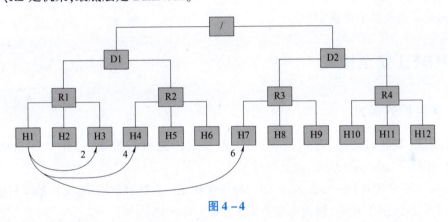

图 4-4

4.2.3　HDFS 副本存放策略基本思想

NameNode 通过机架感知过程确定每一个 DataNode 在哪个机架上。

一个简单但不是最优的方式就是将副本放置在不同的机架上，这就防止了机架故障时数据的丢失，保证了数据的可靠性，并且在读数据的时候可以充分利用不同机架的带宽。这个方式均匀地将副本分散在集群中，这就简单地实现了组建故障时的负载均衡。然而这种方式增加了写的成本，因为写的时候需要跨越多个机架传输文件块。

那么如何在可靠性、写入带宽和读入带宽之间做出权衡呢？

默认的 HDFS 副本存放策略在最小化写开销和最大化数据可靠性（block 在不同的机架上）、可用性以及总体读取带宽之间进行了一些折中。

在多数情况下，HDFS 默认的副本系数是 3。

（1）第一个 block 副本存放在 client 所在的节点中（如果 client 不在集群范围内，则第一个节点是随机选取的，系统会尝试不选择那些太满或者太忙的节点）。

（2）第二个副本放置在与第一个节点不同机架的节点中（近乎随机选择，系统会尝试不选择那些太满或者太忙的节点）。

（3）第三个副本放在与第二个副本同机架不同的节点中。

如果还有更多的副本，就随机放在集群的节点中，限制每个节点不超过一个副本，同时，保持每个机架的副本数量低于上限 $[($副本数 $-1)/$机架 $+2]$。

可以看出这种方案比较合理：

①可靠性：block 存储在两个机架上，若是其中一个机架网络出现异常，可以保证在其他机架节点上找到数据。

②写操作：写操作仅仅穿过一个网络交换机，减少了机架间的数据传输，提高了写操作的效率。

③读操作：在读取数据时，为了减少整体的带宽消耗和降低整体的带宽延时，HDFS 会尽量让读取操作读取离 client 最近的副本。如果在读取操作的同一个机架上有一个副本，那么就读取该副本。如果本地数据损坏，节点可以从同一个机架内的相邻节点上拿到数据，速度一定会比跨机架拿数据快。

④block 分布在整个集群中。

4.3　HDFS 安全模式

4.3.1　安全模式简介

问题场景：集群启动后，可以查看目录，但是上传文件时报错，打开 Web 页面可看到 NameNode 正处于 safemode 状态，怎么处理？

safemode（安全模式）是 NameNode 的一种特殊状态。在这种状态下，文件系统只接受读数据请求，而不接受上传、删除、修改等变更请求。

NameNode 的三种状态：

①active：活跃状态，即工作状态。

②standby：备份状态，即随时待命状态，当搭建高可用集群的时候，一般会设置两个 NameNode，这样，当一个 NameNode（active 状态）所在的服务器宕机时，可以在数据不丢失的情况下，手工或者自动切换到另一个 NameNode（standby 状态）提供服务。集群中只能保证只有一个 active 的 NameNode。

③safemode：安全模式。

在 NameNode 主节点启动时，HDFS 首先进入安全模式，DataNode 在启动的时候会向 NameNode 发送心跳信号并汇报可用的 block 的状态。当整个系统达到安全标准时，HDFS 自动离开安全模式。

需要注意的是，如果 HDFS 处于安全模式下，则文件 block 不能进行任何的副本复制。

4.3.2　进入安全模式的三种情况

4.3.2.1　HDFS 集群正常冷启动

在 HDFS 集群正常冷启动时,NameNode 会在 safemode 状态下维持相当长的一段时间,此时不需要去理会,等待它自动退出安全模式即可。

在刚运行完 start – dfs. sh 命令时,页面显示的信息如图 4 – 5 所示。

Summary

Security is off.

Safe mode is ON. The reported blocks 4 has reached the threshold 0.9990 of total blocks 4. The minimum number of live datanodes is not required. Name node detected blocks with generation stamps in future. This means that Name node metadata is inconsistent. This can happen if Name node metadata files have been manually replaced. Exiting safe mode will cause loss of 4518 byte(s). Please restart name node with right metadata or use "hdfs dfsadmin -safemode forceExit" if you are certain that the NameNode was started with the correct FsImage and edit logs. If you encountered this during a rollback, it is safe to exit with -safemode forceExit.

9 files and directories, 4 blocks (4 replicated blocks, 0 erasure coded block groups) = 13 total filesystem object(s).

Heap Memory used 73.81 MB of 171 MB Heap Memory. Max Heap Memory is 443 MB.

Non Heap Memory used 55.33 MB of 56.47 MB Commited Non Heap Memory. Max Non Heap Memory is <unbounded>.

Configured Capacity:	233 GB
Configured Remote Capacity:	0 B
DFS Used:	564 KB (0%)

图 4 – 5

正常冷启动时进入安全模式的原理:

在 NameNode 的内存元数据中,包含文件路径、副本数、blockid 及每一个 block 所在 DataNode 的信息,而 fsimage 中,不包含 block 所在的 DataNode 信息。

那么,当 NameNode 冷启动时,内存中的元数据只能从 fsimage 中加载而来,因而就没有 block 所在的 DataNode 信息,会导致 NameNode 认为所有的 block 都已经丢失,从而进入安全模式。随着 DataNode 陆续启动,DataNode 定期向 NameNode 汇报自身所持有的 blockid 信息,NameNode 就会将内存元数据中的 block 所在 DataNode 信息补全更新,找到了所有 block 的位置,从而自动退出安全模式。

4.3.2.2　block 丢失率达到 0.1%

如果 NameNode 发现集群中的 block 丢失率达到一定比例(0.1%),NameNode 就会进入安全模式。这个丢失率是可以手动配置的,默认在配置文件 hdfs – default. xml 中定义了最小的副本数为 dfs. namenode. safemode. threshold – pct = 0. 999f。

```
<property >
    <name >dfs.namenode.replication.min < /name >
    <value >1 < /value >
< /property >
<property >
    <name >dfs.namenode.safemode.threshold – pct < /name >
    <value >0.999f < /value >
< /property >
```

Hadoop 中每个块默认的最小副本数为 1,由 dfs. namenode. replication. min 参数控制。dfs. namenode. safemode. threshold – pct 参数的意思是指定应有多少比例的数据块满足最小副

本数的要求。这个值小于、等于 0 表示无须等待就可以退出安全模式;如果这个值大于 1,表示永远处于安全模式;如果设为 1,则 HDFS 永远处于安全模式。这是因为在集群环境中,DataNode 上报的 block 个数永远无法完全达到 NameNode 节点中元数据记录的 block 个数。

4.3.2.3 手动进入安全模式

手动进入安全模式的命令如下:

```
hdfs dfsadmin - safemode enter
```

进入安全模式后,文件系统只接受读数据请求(ls、cat),而不接受上传、删除、修改等变更清求。

4.3.3 退出安全模式的三种方式

退出安全模式的方式如下。

(1)在 HDFS 集群正常冷启动完成后自动退出。

(2)手动退出安全模式,具体命令如下:

```
hdfs dfsadmin - safemode leave
```

(3)找到问题所在,进行相应修复。

场景 1:

公司有搭建好的 Hadoop 集群,现在想要运行 MapReduce 程序,此时发现 YARN 集群启动不成功,报 IOException 异常,异常的大致意思就是磁盘空间满了,导致程序在 HDFS 上创建文件失败。

模拟当时的环境,遇到此问题后,首先要做的就是查看 CentOS 系统的磁盘使用情况,命令如下:

```
df - h
```

为了能让程序运行成功,可以先手动删除几个占用空间比较大而且无关紧要的文件。一般线上挂载的磁盘都比较大,出现这种异常情况的概率是非常小的。

删除文件后,再次运行程序,发现又报异常。看日志发现,由于磁盘已满,导致集群进入了安全模式,所以再次导致程序运行失败。此时,只需要使用"hdfs dfsadmin - safemode leave"命令主动退出安全模式即可。

命令执行完成后,再次运行程序,此时正常运行。

场景 2:

集群中大部分 DataNode 宕机,导致文本块丢失,进而集群进入安全模式,此时只需要修复宕机的 DataNode 即可。

项目实践

基于搭建好的 Hadoop 集群,完成以下 HDFS 基本操作:

1. 在 HDFS 中创建/usr/output/文件夹。

2. 在本地创建 hello. txt 文件并添加内容:"HDFS 的块比磁盘的块大,其目的是最小化寻址开销。"

3. 将 hello. txt 上传至 HDFS 的/usr/output/目录下。

4. 删除 HDFS 的/user/hadoop 目录。

5. 将 Hadoop 上的文件 hello. txt 从 HDFS 复制到本地/usr/local 目录。

本章习题

一、填空题

1. slave 启动时,会主动连接 master 的 IPC Server 服务,并且每隔_____ s 连接一次 master,这个间隔时间是可以调整的,参数为 dfs. heartbeat. interval。这个每隔一段时间去连接一次的机制称为心跳。

2. 想要强制杀死 1321 进程,使用_____命令。

3. HDFS 将每一个文件的数据进行_____,同时每一个数据块又保存有多个副本,这些数据块副本分布在不同的机器节点上。

4. HDFS 通过_____来确定两个节点是否是同一节点以及不同节点与客户端的远近距离。

5. Hadoop 中每个块默认的最小副本数为_____,由 dfs. namenode. replication. min 参数控制。

6. Hadoop 集群进入安全模式后,可以使用命令_____退出安全模式。

二、选择题

1. 若是在 hdfs - site. xml 配置文件中进行如下设置,那么 NameNode 感知到 DataNode 掉线死亡的总时长为(　　)。

```
< property >
< name >dfs.namenode.heartbeat.recheck - interval < /name >
< value >20000 < /value >
< /property >
< property >
< name >dfs.heartbeat.interval < /name >
< value >2 < /value >
< /property >
```

A. 40 s　　　　B. 60 s　　　　C. 204 s　　　　D. 600 s

2. 在多数情况下,HDFS 默认的副本系数是 3。Hadoop 默认对 3 个副本的存放策略是( )。

A. 第一个副本存放在 client 所在的 DataNode 中,第二个副本存放在与第一个副本不同机架的随机 DataNode 中,第三个副本存放在与第二个副本同机架的不同 DataNode 中

B. 第一个副本存放在 client 所在的 DataNode 中,第二个副本存放在与第一个副本同机架的不同 DataNode 中,第三个副本存放在与第一个副本不同机架的随机 DataNode 中

C. 第一个副本存放在随机 DataNode 中,第二个副本存放在与第一个副本同机架的不同 DataNode 中,第三个副本存放在与第一个副本不同机架的随机 DataNode 中

D. 第一个副本存放在随机 DataNode 中,第二个副本存放在与第一个副本不同机架的随机 DataNode 中,第三个副本存放在与第一个副本同机架的不同 DataNode 中

3. 对于安全模式,下列说法正确的是( )。

A. safemode 是 NameNode 的一种特殊状态,在这种状态下,文件系统只接受读数据请求(ls、cat),而不接受上传、删除、修改等变更请求

B. HDFS 处于安全模式下,block 不能进行任何的副本复制操作

C. 在 HDFS 集群正常冷启动时,NameNode 会在 safemode 状态下维持相当长的一段时间,此时不需要去理会,等待它自动退出安全模式即可

D. 在 HDFS 集群正常冷启动时,NameNode 会进入 safemode 状态,这是因为 fsimage 镜像文件中缺少文件的路径信息和相关副本数

本章习题答案:

一、填空题

1. 3
2. kill - 9 1321
3. 分块存储
4. 机架感知
5. 1
6. hdfs dfsadmin - safemode leave

二、选择题

1. B(解析:timeout = 2 × dfs. namenode. heartbeat. recheck - interval + 10 × dfs. heartbeat. interval。其中,dfs. namenode. heartbeat. recheck - interval 的单位为毫秒,dfs. heartbeat. interval 的单位为秒。计算结果:2 × 20 + 10 × 2 = 60(s)。)

2. A

3. ABC(解析:D 错误,在 HDFS 集群正常冷启动时,NameNode 会进入 safemode 状态,这是因为 fsimage 镜像文件中没有 block 所在的 DataNode 信息,从而导致 NameNode 认为所有的 block 都已经丢失,因而进入安全模式。)

第 5 章

ZooKeeper分布式协调服务

引言

构建分布式系统并不容易,然而,用户日常所使用的应用程序,如淘宝、支付宝等,大多基于分布式系统。分布式系统是建立在网络之上的软件系统,具有高度的内聚性和透明性,在短时间内依赖分布式系统的现状依旧不会改变。

Apache ZooKeeper 是基于分布式计算的核心概念而设计的,主要目的是给开发人员提供一套容易理解和开发的接口,从而简化分布式系统构建的服务。本章对 ZooKeeper 的数据模型、ZooKeeper 的机制、ZooKeeper 集群的部署、ZooKeeper 的操作以及 ZooKeeper 的典型应用场景等进行详细讲解。

5.1　初识 ZooKeeper

5.1.1　ZooKeeper 简介

ZooKeeper 起源于雅虎研究院的一个研究小组。当时研究人员发现,雅虎内部的很多大型系统需要依赖一个类似的系统来进行分布式协调,但是这些系统往往都存在分布式单点问题(在整个分布式系统中,如果某个独立功能的程序或角色只运行在某一台服务器上时,这个节点就被称为单点)。一旦这台服务器宕机,整个分布式系统将无法正常运行,这种现象被称为单点故障。所以,雅虎的开发人员试图开发一个通用的无单点问题的分布式协调框架,以便让开发人员将精力集中在处理业务逻辑上,而 ZooKeeper 正好用于进行分布式服务的协调。

ZooKeeper 是一个分布式协调服务的开源框架,它是由 Google 的 Chubby 开源实现的。ZooKeeper 主要用来解决分布式集群中应用系统的一致性问题,例如,如何避免同时操作同一数据造成脏读的问题等。

ZooKeeper 本质上是一个分布式的小文件存储系统,提供基于类似文件系统的目录树方式的数据存储,并且可以对树中的节点进行有效管理,从而用来维护和监控存储的数据的状态变化。通过监控这些数据状态的变化,可以实现基于数据的集群管理,例如,统一命名服务、分布式配置管理、分布式消息队列、分布式锁、分布式协调等。

5.1.2　ZooKeeper 的特性

ZooKeeper 具有全局数据一致性、可靠性、顺序性、数据更新原子性以及实时性,可以说 ZooKeeper 的其他特性都是为了满足 ZooKeeper 全局数据一致性这一特性。具体介绍如下:

1. 全局数据一致性

每个服务器都保存一份相同的数据副本,客户端连接到集群的任意节点上,看到的目录树都是一致的(也就是数据都是一致的),这也是 ZooKeeper 最重要的特征。

2. 可靠性

如果消息(对目录结构的增、删、改、查)被其中一台服务器接收,那么将被所有的服务器接收。

3. 顺序性

ZooKeeper 顺序性主要分为全局有序和偏序两种。其中,全局有序是指如果在一台服务器上消息 A 在消息 B 前发布,则在所有服务器上消息 A 都将在消息 B 前被发布;偏序是指如果一个消息 B 在消息 A 后被同一个发送者发布,A 必将排在 B 前面。无论是全局有序还是偏序,其目的都是保证 ZooKeeper 全局数据一致。

4. 数据更新原子性

一次数据更新操作要么成功(半数以上节点成功),要么失败,不存在中间状态。

5. 实时性

ZooKeeper 保证客户端将在一个时间间隔范围内获得服务器的更新信息,或者服务器的失效信息。

5.1.3　ZooKeeper 集群角色

ZooKeeper 对外提供一个类似于文件系统的层次化的数据存储服务,为了保证整个 ZooKeeper 集群的容错性和高性能,每一个 ZooKeeper 集群都是由多台服务器节点组成,这些节点通过复制保证各个服务器节点之间的数据一致。只要这些服务器节点过半数可用,那么整个 ZooKeeper 集群就可用。

ZooKeeper 集群是一个主从集群,它一般由一个 Leader(领导者)和多个 Follower(跟随者)组成。此外,针对访问量比较大的 ZooKeeper 集群,还可新增 Observer(观察者)。ZooKeeper 集群中的三种角色各司其职,共同完成分布式协调服务。下面针对 ZooKeeper 集群中的三种角色进行简单介绍。

1. Leader

它是 ZooKeeper 集群工作的核心,也是事务性请求(写操作)的唯一调度和处理者,它保证集群事务处理的顺序性,同时负责进行投票的发起和决议,以及更新系统状态。

2. Follower

它负责处理客户端的非事务(读操作)请求,如果接收到客户端发来的事务性请求,则会转发给 Leader,让 Leader 进行处理,同时还负责在 Leader 选举过程中参与投票。

3. Observer

它负责观察 ZooKeeper 集群的最新状态的变化,并且将这些状态进行同步。对于非事务性请求,可以进行独立处理;对于事务性请求,则会转发给 Leader 服务器进行处理。它不会参与任何形式的投票,只提供非事务性的服务,通常用于在不影响集群事务处理能力的前提下,提升集群的非事务处理能力。

5.2　数据模型

5.2.1　数据存储结构

ZooKeeper 中数据存储的结构和标准文件系统非常类似,拥有一个层次的命名空间,也是使用斜杠(/)进行分隔,两者都是采用树状层次结构。不同的是,标准文件系统是由文件夹和文件来组成的树,而 ZooKeeper 是由什么来组成的树呢?

ZooKeeper 是由节点组成的树,树中的每个节点被称为 Znode。每个节点都可以拥有子节点。每一个 Znode 默认能够存储 1 MB 的数据,每个 Znode 都可以通过其路径唯一标识。ZooKeeper 数据模型中的每个 Znode 都由 3 部分组成,分别是 stat(状态信息,描述该 Znode 的版本、权限信息等组成)、data(与该 Znode 关联的数据)和 children(该 Znode 下的子节点)。

5.2.2　Znode 的类型

在 5.2.1 节中,初步了解了什么是 Znode,下面来介绍一下 Znode 的类型。节点的类型在创建时被指定,一旦创建,就无法改变。Znode 有两种类型,分别是临时节点和永久节点。

临时节点,该生命周期依赖创建它们的会话,一旦会话结束,临时节点将会被自动删除,当然也可以手动删除。虽然每个临时的 Znode 都会绑定到一个客户端,但它们对所有的客户端还是可见的。需要注意的是,临时节点不允许拥有子节点。

永久节点,该生命周期不依赖会话,并且只有在客户端显示执行删除操作的时候,它们才能被删除。

由于 Znode 的序列化特性,在创建节点时,用户可以请求在该 Znode 的路径结尾添加一个不断增加的序列号,序列号对于此节点的父节点来说是唯一的,这样便会记录每个子节点创建的先后顺序。它的格式为"%10d"(10 位数字,没有数值的数位用 0 补充,如 0000000001)。当计数值大于 $2^{32} - 1$ 时,计数器将会溢出。这样便会存在 4 种类型的目录节点,分别对应如下:

- PERSISTENT:永久节点;
- EPHEMERAL:临时节点;
- PERSISTENT_SEQUENTIAL:序列化永久节点;
- EPHEMERAL_SEQUENTIAL:序列化临时节点。

5.2.3　Znode 的属性

每个 Znode 都包含了一系列的属性,接下来详细讲解 Znode 的属性,见表 5 - 1。

表 5 - 1

属性名称	属性描述
czxid	节点被创建的 Zxid 值
ctime	节点被创建的时间
mzxid	节点最后一次修改的 Zxid 值
mtime	节点最后一次的修改时间
pZxid	与该节点的子节点最后一次修改的 Zxid 值
eversion	子节点被修改的版本号
dataVersion	数据版本号
aclVersion	ACL 版本号
ephemeralOwner	如果此节点为临时节点,那么该值代表这个节点拥有者的会话 ID;否则,值为 0
dataLength	节点数据域长度
numChildren	节点拥有的子节点个数

表 5 - 1 介绍了 Znode 的属性,对于 ZooKeeper 来说,Znode 状态改变的每一个操作都将使节点接收到唯一的 Zxid(ZooKeeper Transaction ID)格式的时间戳,并且这个时间戳是全局有序的,通常被称为事物 ID。通过 Zxid,可以确定更新操作的先后顺序。例如,如果 Zxid1 小于 Zxid2,说明 Zxid1 操作先于 Zxid2 发生。

5.3　ZooKeeper 的 Watch 机制

5.3.1　Watch 机制简介

ZooKeeper 提供了分布式数据发布/订阅功能,一个典型的发布/订阅模型系统定义了一种一对多的订阅关系,能让多个订阅者同时监听某一个主题对象,当这个主题对象自身状态变化时,会通知所有订阅者,使他们能够做出相应的处理。

在 ZooKeeper 中,引入了 Watch 机制来实现这种分布式的通知功能。ZooKeeper 允许客户端向服务端注册一个 Watch 监听,当服务端的一些事件触发了这个 Watch 时,就会向指定客户端发送一个事件通知,来实现分布式的通知功能。

5.3.2　Watch 机制的特点

1. 一次性触发

当 Watch 的对象发生改变时,将会触发此对象上 Watch 所对应的事件,这种监听是一次性的,后续再次发生同样的事件时,不会再次触发。

2. 事件封装

ZooKeeper 使用 WatchedEvent 对象来封装服务端事件并传递。该对象包含了每个事件的 3 个基本属性,即通知状态(keeperState)、事件类型(EventType)和节点路径(path)。

3. 异步发送

Watch 的通知事件是从服务端异步发送到客户端的。

4. 先注册再触发

ZooKeeper 中的 Watch 机制,必须由客户端先去服务端注册监听,这样才会触发事件的监听,并通知给客户端。

5.3.3　Watch 机制的通知状态和事件类型

同一个事件类型在不同的连接状态中代表的含义有所不同,表 5 - 2 列举了常见的连接状态和事件类型。

表 5 - 2

连接状态	状态含义	事件类型	事件含义
Disconnected	连接失败	NodeCreated	节点被创建
SyncConnected	连接成功	NodeDataChanged	节点数据变更
AuthFailed	认证失败	NodeChildrenChanged	子节点数据变更
Expired	会话过期	NodeDeleted	节点被删除

由表 5 - 2 可知,ZooKeeper 常见的连接状态和事件类型分别有 4 种,具体如下。

当客户端断开连接,这时客户端和服务器的连接就是 Disconnected 状态,说明连接失败;当客户端和服务器的某一个节点建立连接,并完成一次 version、zxid 的同步,这时客户端和服务器的连接状态就是 SyncConnected,说明连接成功;当 ZooKeeper 客户端连接认证失败,这时客户端和服务器的连接状态就是 AuthFailed,说明认证失败;当客户端发送 Request 请求,通知服务器其上一个发送心跳的时间,服务器收到这个请求后,通知客户端下一个发送心跳的时间;当客户端时间戳达到最后一个发送心跳的时间,而没有收到服务器发来的新发送心跳的时间,即认为自己下线,这时客户端和服务器的连接状态就是 Expired 状态,说明会话过期。

当节点被创建时,NodeCreated 事件被触发;当节点的数据发生变更时,NodeDataChanged 事件被触发;当节点的直接子节点被创建、被删除、子节点数据发生变更时,NodeChildrenChanged 事件被触发;当节点被删除时,NodeDeleted 事件被触发。

5.4 ZooKeeper 的选举机制

5.4.1 选举机制简介

ZooKeeper 为了保证各节点协同工作,在工作时需要一个 Leader 角色,而 ZooKeeper 默认采用 FastLeaderElection 算法,并且投票数大于半数则胜出的机制。在介绍选举机制前,首先了解选举涉及的相关概念。

1. 服务器 ID

这是在配置集群时设置的 myid 参数文件,并且参数分别表示为服务器 1、服务器 2 和服务器 3,编号越大,在 FastLeaderElection 算法中的权重越大。

2. 选举状态

在选举过程中,ZooKeeper 服务器有 4 种状态,分别为竞选状态(LOOKING)、随从状态(FOLLOWING,同步 leader 状态,参与投票)、观察状态(OBSERVING,同步 leader 状态,不参与投票)和领导者状态(LEADING)。

3. 数据 ID

这是服务器中存放的最新数据版本号,该值越大,说明数据越新,在选举过程中,数据越新,权重越大。

4. 逻辑时钟

通俗地讲,逻辑时钟被称为投票次数,同一轮投票过程中的逻辑时钟值是相同的,逻辑时钟起始值为 0,每投完一次票,这个数据就会增加。然后与接收到其他服务器返回的投票信息中的数值相比较,根据不同的值做出不同的判断。如果某台机器宕机,那么这台机器不会参与投票,因此逻辑时钟也会比其他的低。

5.4.2 选举机制的类型

ZooKeeper 选举机制有两种类型,分别为全新集群选举和非全新集群选举,下面分别对两种类型进行详细讲解。

1. 全新集群选举

全新集群选举是新搭建起来的,没有数据 ID 和逻辑时钟来影响集群的选举。假设目前有 5 台服务器,编号分别是 1~5,按编号依次启动 ZooKeeper 服务。下面来讲解全新集群选举的过程。

步骤 1:服务器 1 启动,首先,会给自己投票;其次,发投票信息,由于其他机器还没有启动,所以它无法接收到投票的反馈信息,因此服务器 1 的状态一直属于 LOOKING 状态。

步骤 2:服务器 2 启动,首先,会给自己投票;其次,在集群中启动 ZooKeeper 服务的机器发起投票对比,这时它会与服务器 1 交换结果,由于服务器 2 的编号大,所以服务器 2 胜出,此时服务器 1 会将票投给服务器 2,但此时服务器 2 的投票数并没有大于集群半数($2 < 5/2$),所以两个服务器的状态依然是 LOOKING 状态。

步骤 3：服务器 3 启动，首先，会给自己投票；其次，与之前启动的服务器 1 和服务器 2 交换信息，由于服务器 3 的编号最大，所以服务器 3 胜出，那么服务器 1 和 2 会将票投给服务器 3，此时投票数正好大于半数（3 > 5/2），所以服务器 3 成为领导者状态，服务器 1 和 2 成为追随者状态。

步骤 4：服务器 4 启动，首先，给自己投票；其次，与之前启动的服务器 1、2 和 3 交换信息，尽管服务器 4 的编号大，但是服务器 3 已经胜出。所以服务器 4 只能成为追随者状态。

步骤 5：服务器 5 启动，同服务器 4 一样，均成为追随者状态。

2. 非全新集群选举

对于正常运行的 ZooKeeper 集群，一旦中途有服务器宕机，则需要重新选举，选举的过程中就需要引入服务器 ID、数据 ID 和逻辑时钟。这是由于 ZooKeeper 集群已经运行过一段时间，那么服务器中就会存在运行的数据。下面来讲解非全新集群选举的过程。

步骤 1：统计逻辑时钟是否相同，逻辑时钟小，则说明途中可能存在宕机问题，因此数据不完整，那么该选举结果被忽略，重新投票选举。

步骤 2：统一逻辑时钟后，对比数据 ID 值，数据 ID 反映数据的新旧程度，因此数据 ID 大的胜出。

步骤 3：如果逻辑时钟和数据 ID 都相同，那么比较服务器 ID（编号），值大则胜出。

简单地讲，非全新集群选举时是优中选优，保证 Leader 是 ZooKeeper 集群中数据最完整、最可靠的一台服务器。

5.5　ZooKeeper 分布式集群部署

ZooKeeper 分布式集群部署

ZooKeeper 分布式集群部署指的是 ZooKeeper 分布式模式安装。ZooKeeper 集群搭建通常由 2n + 1 台服务器组成，这是为了保证 Leader 选举（基于 Paxos 算法的实现）能够通过半数以上服务器选举支持，因此，ZooKeeper 集群的数量一般为奇数。

5.5.1　ZooKeeper 安装包的下载安装

由于 ZooKeeper 集群的运行需要 Java 环境支持，所以需要提前安装 JDK。本章讲解的是 Leader + Follower 模式的 ZooKeeper 集群。这里选择 ZooKeeper 的版本是 3.5.7。具体下载安装步骤如下。

（1）下载 ZooKeeper 安装包。

ZooKeeper 的下载地址为 http://mirror. bit. edu. cn/apache/zookeeper/zookeeper - 3.5.7。

（2）上传 ZooKeeper 安装包。

将下载完毕的 ZooKeeper 安装包上传至 Linux 下的/usr/local/et 目录下，如图 5 - 1、图 5 - 2 所示。

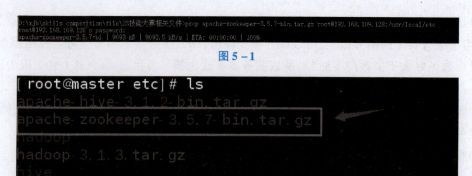

图 5-1

```
[root@master etc]# ls
apache-hive-3.1.2-bin.tar.gz
apache-zookeeper-3.5.7-bin.tar.gz                    ⟵
hadoop
hadoop-3.1.3.tar.gz
hive
jdk
jdk-8u241-linux-x64.tar.gz
maxwell-1.29.0.tar.gz
MySQL
mysql-5.7.29-linux-glibc2.12-x86_64.tar.gz
[root@master etc]#
```

图 5-2

（3）解压到当前文件夹，并改名为 zookeeper，如图 5-3、图 5-4 所示。

```
root@master etc]# tar -zxvf apache-zookeeper-3.5.7-bin.tar.gz
```

图 5-3

图 5-4

（4）打开/etc/profile 文件，配置 ZooKeeper 环境变量，如图 5-5 所示。

```
unset i
unset -f pathmunge

export JAVA_HOME=/usr/local/etc/jdk
export HADOOP_HOME=/usr/local/etc/hadoop
export HIVE_HOME=/usr/local/etc/hive
export ZOOKEEPER_HOME=/usr/local/etc/zookeeper
export CLASSPATH=.:${JAVA_HOME}/jre/lib/rt.jar:${JAVA_HOME}/lib/dt.jar:${JAVA_HOME}
/lib/tools.jar
export PATH=$PATH:${JAVA_HOME}/bin:$HADOOP_HOME/bin:$HADOOP_HOME/sbin:/usr/local/e
tc/MySQL/bin:$HIVE_HOME/bin:$ZOOKEEPER_HOME/bin
```

图 5-5

（5）保存退出。

```
:wq
```

执行 source /etc/profile，使环境变量生效。

安装包解压完毕，也就是 ZooKeeper 的安装结束。但是，并不意味着 ZooKeeper 集群的部署已经结束，还需要对其进行配置和启动。若启动成功，即 ZooKeeper 集群部署成功。

5.5.2 ZooKeeper 相关配置

在上一节中,已经把 ZooKeeper 的安装包成功解压至/software 目录下,接下来开始配置 ZooKeeper 集群。

1. 修改 ZooKeeper 的配置文件

首先,进入 ZooKeeper 解压目录下的 conf 目录,复制配置文件 zoo_sample. cfg 并重命名为 zoo. cfg,具体命令如下:

```
cd/usr/local/etc/zookeeper/conf
```

如图 5 - 6 所示。

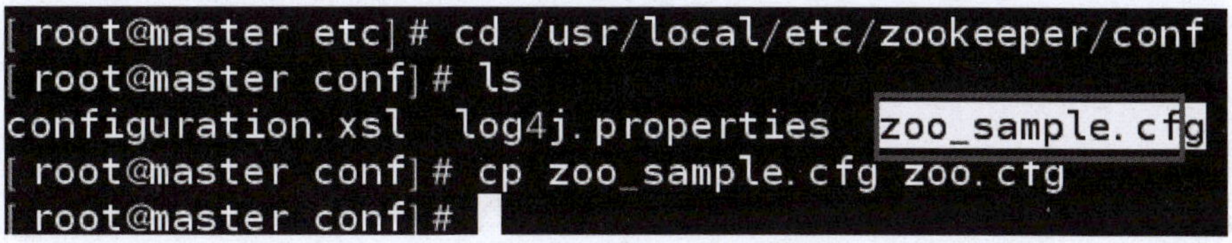

```
[root@master etc]# cd /usr/local/etc/zookeeper/conf
[root@master conf]# ls
configuration.xsl  log4j.properties  zoo_sample.cfg
[root@master conf]# cp zoo_sample.cfg zoo.cfg
[root@master conf]#
```

图 5 - 6

编辑 zoo. cfg:

```
vim zoo.cfg
```

将 dataDir 项重新赋值,如图 5 - 7、图 5 - 8 所示。

```
dataDir = /usr/local/etc/zookeeper/tmp/data
```

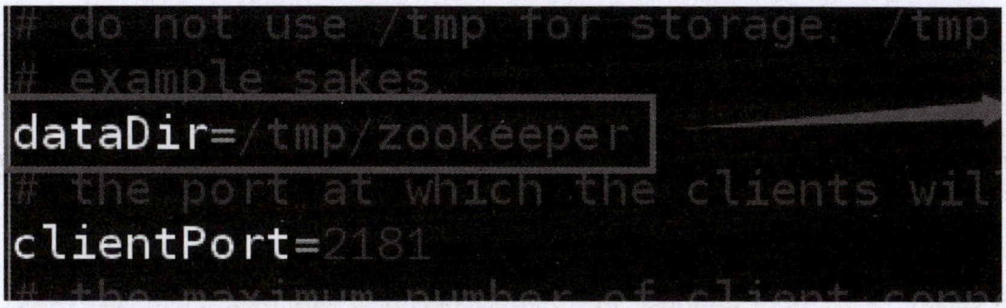

```
# do not use /tmp for storage. /tmp
# example sakes.
dataDir=/tmp/zookeeper
# the port at which the clients will
clientPort=2181
# the maximum number of client conn
```

图 5 - 7

```
# example sakes.
dataDir=/usr/local/etc/zookeeper/tmp/data
# the port at which the clients will connect
```

图 5 - 8

同时,在文件尾部添加下列数据,如图 5 - 9 所示。

```
server.1 = master:2888:3888
server.2 = slave1:2888:3888
server.3 = slave2:2888:3888
```

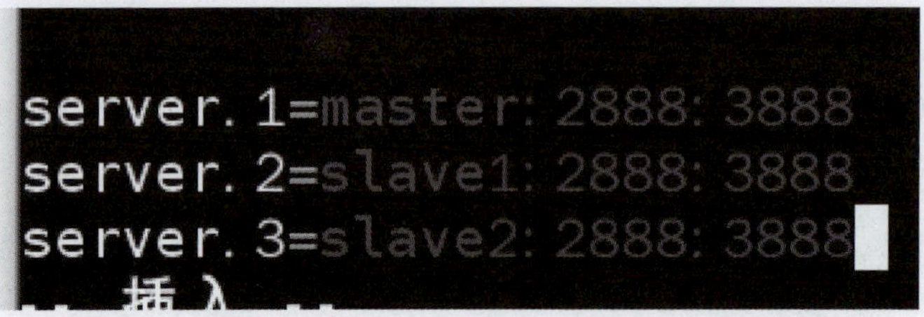

图 5 - 9

提示：配置文件 zoo. cfg 中的参数 server. 1 = 服务器主机名:2888:3888。其中,服务器主机名也可以写 IP 地址;2888 表示通信端口号,3888 表示 Leader 选举端口号。

2. 创建 myid 文件

首先,根据配置文件 zoo. cfg 中设置的 dataDir 目录创建 zkdata 文件夹,指定 myid。在配置项 dataDir 指定目录下,新建 myid 文件,并写入数字,该文件里面的内容就是服务器编号（master 服务器对应编号1,slave1 服务器对应编号2,slave2 服务器对应编号3）,并将该文件复制到 slave1 和 slave2 中,如图 5 - 10 所示。

```
master  1
slave1  2
slave2  3
```

```
[root@master conf]# mkdir -p /usr/local/etc/zookeeper/tmp/data
```

图 5 - 10

执行 echo1 >/usr/local/etc/zookeeper/tmp/data/myid,如图 5 - 11 所示。

```
[root@master conf]# echo 1 > /usr/local/etc/zookeeper/tmp/data/myid
```

图 5 - 11

切换到 slave1 主机,执行 vim/usr/local/etc/zookeeper/tmp/data/myid,输入:2。
切换到 slave2 主机,执行 vim/usr/local/etc/zookeeper/tmp/data/myid,输入:3。
回到 master,执行下列指令：

```
scp -r /usr/local/etc/zookeeper/root@ slave1:/usr/local/etc
scp -r /usr/local/etc/zookeeper/root@ slave2:/usr/local/etc
scp  /etc/profile root@ slave1:/usr/local/etc
scp  /etc/profile root@ slave2:/usr/local/etc
```

5.5.3　ZooKeeper 服务的启动和关闭

截至目前,已经把 ZooKeeper 集群部署完毕,接下来进行启动和关闭 ZooKeeper 服务。若 ZooKeeper 启动和关闭成功,则表示 ZooKeeper 集群部署成功;否则,ZooKeeper 集群部署失败。

1. 启动 ZooKeeper 服务

首先启动 Hadoop,然后依次在 master、slave1 和 slave2 服务器上启动 ZooKeeper 服务,具体命令如下:

```
zkServer.sh start
```

如图 5 - 12 所示。

```
[root@master conf]# jps
3174 DataNode
3398 SecondaryNameNode
3021 NameNode
3565 Jps
[root@master conf]# zkServer.sh start
ZooKeeper JMX enabled by default
Using config: /usr/local/etc/zookeeper/bin/../conf/zoo.cfg
Starting zookeeper ... STARTED
[root@master conf]#
```

图 5 - 12

其次,执行相关命令查看该节点 ZooKeeper 的角色,具体命令如下:

```
zkServer.sh status
```

需要注意的是,三个节点必须都运行该指令,如果 slave1 和 slave2 没有启动 ZooKeeper,系统会出现如图 5 - 13 所示提示。

```
[root@master bin]# ./zkServer.sh status
ZooKeeper JMX enabled by default
Using config: /usr/local/etc/zookeeper/bin/../conf/zoo.cfg
Client port found: 2181. Client address: localhost.
Error contacting service. It is probably not running.
```

图 5 - 13

所有节点执行完 zkServer.sh status 命令后,返回信息效果如图 5 - 14 所示。

```
[root@master bin]# ./zkServer.sh status
ZooKeeper JMX enabled by default
Using config: /usr/local/etc/zookeeper/bin/../conf/zoo.cfg
Client port found: 2181. Client address: localhost.
Mode: follower
```

图 5 - 14

运行 jps 查看当前进程状态,如图 5 – 15 所示。

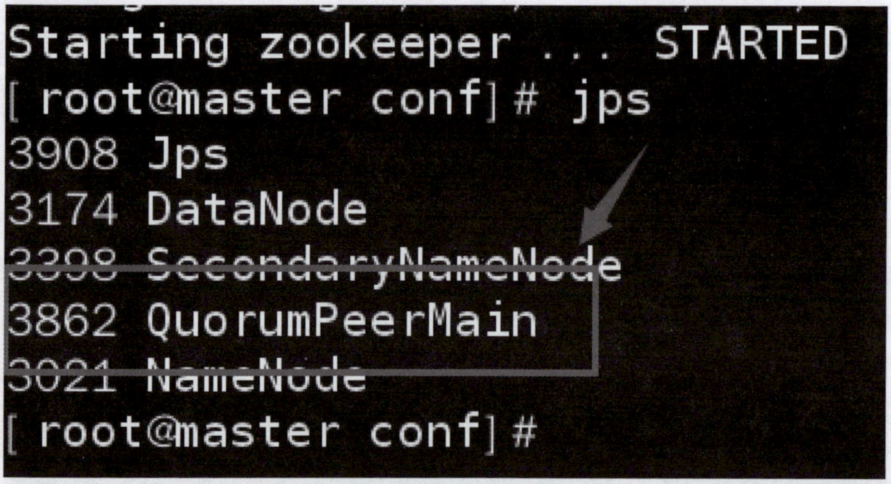

图 5 – 15

由图 5 – 14 可知,slave1 服务器是 ZooKeeper 集群中的 Leader 角色。至此,ZooKeeper 的 Leader + Follower 模式集群部署成功。

2. 关闭 ZooKeeper 服务

若想关闭 ZooKeeper 服务,依次在 master、slave1 和 slave2 服务器上执行相关命令即可,具体命令如下:

```
zkServer.sh stop
```

执行完毕后,可以查看 ZooKeeper 服务状态,返回信息效果如图 5 – 16 所示。

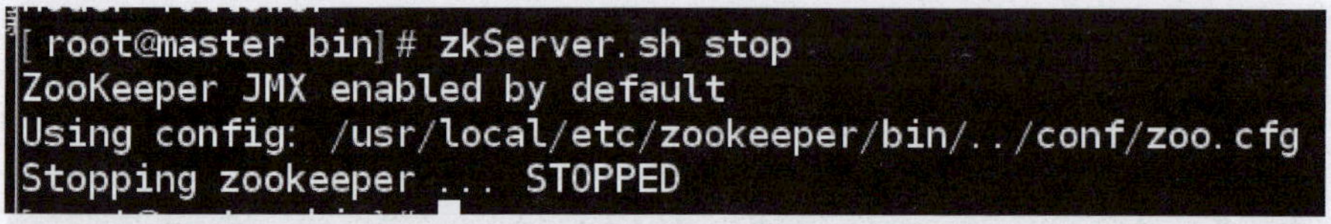

图 5 – 16

5. 6   ZooKeeper 的 Shell 操作

5. 6. 1   ZooKeeper Shell 介绍

ZooKeeper 命令行工具类似于 Linux 的 Shell 环境,能够简单地实现对 ZooKeeper 进行访问、数据创建、数据修改等一系列操作。Shell 操作 ZooKeeper 的常用命令见表 5 – 3。

表 5 - 3

常用命令	命令描述
ls/	使用 ls 命令来查看 ZooKeeper 中所包含的内容
ls2/	查看当前节点数据并能看到更新次数等数据
create/zk "test"	在当前目录创建一个新的 Znode 节点 zk 以及与它关联的字符串
get/zk	获取 zk 所包含的信息
set/zk "zkbak"	对 zk 所关联的字符串进行设置
delete/zk	将节点 Znode 删除
rmr	将节点 Znode 递归删除
help	帮助命令

5.6.2　通过 Shell 命令操作 ZooKeeper

ZooKeeper Shell 命令操作

上面已经详细介绍客户端操作 ZooKeeper 的常见命令。本节主要通过 Shell 命令来操作 ZooKeeper。首先,启动 ZooKeeper 服务;其次,连接 ZooKeeper 服务。具体命令如下:

```
zkServer.sh start
zkCli.sh - server localhost:2181
```

连接成功后,系统会输出 ZooKeeper 集群的相关配置信息,并在屏幕输出"Welcome to ZooKeeper!"等信息,如图 5 - 17 所示。

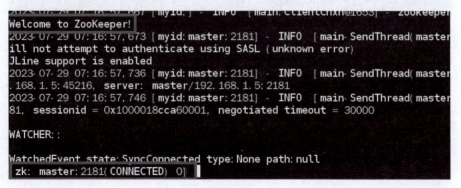

图 5 - 17

由图 5 - 17 可知,已经成功连接到 ZooKeeper 服务。接下来通过 Shell 命令操作 ZooKeeper。具体操作如下。

1. 显示所有操作命令

在客户端输入 help,屏幕会输出所有可用的 Shell 命令,如图 5 - 18 所示。

```
[zk: master:2181(CONNECTED) 0] help
ZooKeeper -server host:port cmd args
        addauth scheme auth
        close
        config [-c] [-w] [-s]
        connect host:port
        create [-s] [-e] [-c] [-t ttl] path [data] [acl]
        delete [-v version] path
        deleteall path
        delquota [-n|-b] path
        get [-s] [-w] path
        getAcl [-s] path
        history
        listquota path
        ls [-s] [-w] [-R] path
        ls2 path [watch]
        printwatches on|off
        quit
        reconfig [-s] [-v version] [[-file path] | [-members serverID=h
ost:port1:port2;port3[,...]*]] | [-add serverId=host:port1:port2;port3[
,...]]* [-remove serverId[,...]*]
        redo cmdno
        removewatches path [-c|-d|-a] [-l]
        rmr path
        set [-s] [-v version] path data
        setAcl [-s] [-v version] [-R] path acl
        setquota -n|-b val path
        stat [-w] path
        sync path
Command not found: Command not found help
[zk: master:2181(CONNECTED) 1]
```

图 5-18

2. 查看当前 ZooKeeper 中所包含的内容

在客户端输入 ls/,屏幕会输出 ZooKeeper 中所包含的内容,如图 5-19 所示。

```
[zk: master:2181,slave1:2181,slave2:2181(CONNECTED) 0] ls /
[hbase, kafka, zookeeper]
[zk: master:2181,slave1:2181,slave2:2181(CONNECTED) 1]
```

图 5-19

根目录下有一个自带的 zookeeper 子节点,它用来保存 ZooKeeper 的配额管理信息,不要轻易删除。

3. 查看当前节点数据

在客户端输入 ls2/,屏幕会输出当前节点数据并且能看到更新次数等数据,如图 5-20 所示。

```
[hbase, Karka, zookeeper]
[zk: master: 2181, slave1: 2181, slave2: 2181( CONNECTED) 1] ls2 /
'ls2' has been deprecated. Please use 'ls [-s] path' instead.
[zookeeper, hbase, kafka]
cZxid = 0x0
ctime = Wed Dec 31 16: 00: 00 PST 1969
mZxid = 0x0
mtime = Wed Dec 31 16: 00: 00 PST 1969
pZxid = 0x300000009
cversion = 1
dataVersion = 0
aclVersion = 0
ephemeralOwner = 0x0
dataLength = 0
numChildren = 3
[zk: master: 2181, slave1: 2181, slave2: 2181( CONNECTED) 2]
```

图 5 – 20

4. 创建节点

在命令行输入创建节点的命令,具体命令格式如下:

```
create [ – s] [ – e] path data acl
```

其中,– s 表示是否开启节点的序列化特性;– e 表示开启临时节点特性,若不指定,则表示永久节点;path 表示创建的路径;data 表示创建节点的数据,这是因为 Znode 可以像目录一样存在,也可以像文件一样保存数据;acl 用来进行权限控制(一般不需要了解)。

创建序列化永久节点:

```
create – s /testnode test
```

创建临时节点:

```
create – e /testnode – temp testtemp
```

创建永久节点:

```
create /testnode – p testp
```

如图 5 – 21 所示。

```
[zk: master: 2181( CONNECTED) 7] create -s /testnode test
Created /testnode0000000006
[zk: master: 2181( CONNECTED) 8] create -e /testnode- temp testtemp
Created /testnode- temp
[zk: master: 2181( CONNECTED) 9] create /testnode -p testp
Created /testnode- p
[zk: master: 2181( CONNECTED) 10] ls /
[hbase, kafka, testnode- p, testnode- temp, testnode0000000006, zookeeper]
[zk: master: 2181( CONNECTED) 11]
```

图 5 – 21

5. 获取节点

在命令行输入获取节点的命令,具体命令格式如下:

```
ls path [watch]
get path [watch]
ls2 path [watch]
```

get 命令可以获取 ZooKeeper 指定节点的数据内容和属性信息,如图 5 – 22 所示。

图 5 – 22

6. 修改节点

在命令行输入修改节点的命令,具体命令格式如下:

```
set path data [version]
```

其中,data 就是要修改的新内容;version 表示数据版本。接下来要对前面创建的临时节点 testnode – temp 进行修改操作。屏幕输出的效果如图 5 – 23 所示。

图 5 – 23

7. 监听节点

监听节点也就是监听节点的变化,可以概括为 3 个过程:客户端向服务端注册 Watch、服务端事件发生触发 Watch、客户端回调 Watch 得到触发事件的情况。

首先,客户端向服务端注册 Watch,在服务器 master 客户端的命令行输入命令,具体命令如图 5 – 24 所示。

图 5 – 24

其次,服务端发生事件触发 Watch,在服务器 slave1 客户端的命令行输入命令,具体命令如图 5 – 25 所示。

图 5 – 25

最后, master 客户端回调 Watch 得到触发事件的情况。屏幕输出的效果如图 5 - 26 所示。

```
[zk: master:2181(CONNECTED) 17] get /testnode-temp watch
'get path [watch]' has been deprecated. Please use 'get [-s] [-w] path' instead.
testtemp
[zk: master:2181(CONNECTED) 18]
WATCHER::

WatchedEvent state:SyncConnected type:NodeDataChanged path:/testnode-temp
```

图 5 - 26

8. 删除节点

在命令行输入删除节点的命令, 具体命令格式如下。

普通删除的命令:

```
delete path [version]
```

递归删除的命令:

```
rmr path [version]
```

其中, 使用 delete 命令删除节点时, 若要删除的节点存在子节点, 就无法删除该节点, 必须先删除子节点, 才可删除父节点; 使用 rmr 命令递归删除节点, 不论该节点下是否存在子节点, 可以直接删除。delete 删除命令演示对 testnode – temp 节点进行删除操作; rmr 递归删除命令演示对 testnode – temp 节点进行删除操作。

5.7　ZooKeeper 典型应用场景

5.7.1　数据发布与订阅

数据发布与订阅模型, 即所谓的全局配置中心, 就是发布者将需要全局统一管理的数据发布到 ZooKeeper 节点上, 供订阅者动态获取数据, 实现配置信息的集中式管理和动态更新。例如, 全局的配置信息、服务式服务框架的服务地址列表等就非常适合使用。接下来介绍一些数据发布与订阅的主要应用场景。

(1) 应用中用到的一些配置信息放到 ZooKeeper 上进行集中管理。这类场景通常是这样的: 应用在启动时会主动获取一次配置, 同时, 在节点上注册一个 Watcher, 这样以后每次配置有更新的时候, 都会实时通知到订阅的客户端, 从而达到获取最新配置信息的目的。

(2) 分布式搜索服务中, 索引的元信息和服务器集群机器的节点状态存放在 ZooKeeper 的一些指定节点, 供各个客户端订阅使用。

(3) 分布式日志收集系统中, 这个系统的核心工作是收集分布在不同机器上的日志。收集器通常按照应用来分配收集任务单元, 因此需要在 ZooKeeper 上创建一个以应用名作为路径的节点 P, 并将这个应用的所有机器 IP 以子节点的形式注册到节点 P 上, 这样当机器变动的时候, 能够实时通知收集器调整任务分配。

（4）系统中有些信息需要动态获取，并且会存在人工手动去修改这个信息的问题。通常是暴露出接口，例如 JMX 接口，来获取一些运行时的信息。

引入 ZooKeeper 之后就不用自己实现一套方案了，只要将这些信息存放到指定的 ZooKeeper 节点上即可。

提示：在上面提到的应用场景中，默认前提是：数据量很小，但是数据更新可能会比较快。

5.7.2　统一命名服务

命名服务也是分布式系统中比较常见的一类场景。在分布式系统中，通过使用命名服务，客户端应用能够根据指定名字来获取资源服务的地址、提供者等信息。被命名的实体通常可以是集群中的机器、提供的服务地址、进程对象等，这些都可以统称为名字（Name）。其中较为常见的就是一些分布式服务框架中的服务地址列表。通过调用 ZooKeeper 提供的创建节点的 API，能够很容易创建全局唯一的路径，这个路径就可以作为一个名称。所有向 ZooKeeper 上注册的地址都是临时节点，这样能够保证服务提供者和消费者自动感应资源的变化。

5.7.3　分布式锁

分布式锁，主要得益于 ZooKeeper 保证了数据的强一致性。锁服务可以分为两类：一类是保持独占；另一类是控制时序。所谓保持独占，就是所有试图来获取这个锁的客户端中，最终只有一个客户端可以成功获得这把锁，从而执行相应操作（通常的做法是把 ZooKeeper 上的一个 Znode 看作一把锁，通过创建临时节点的方式来实现）；控制时序则是所有试图来获取锁的客户端最终都会被执行，只是存在全局时序。它的实现方法和保持独占基本类似，这里/distribute_lock 预先存在，那么客户端在它下面创建临时序列化节点（这个可以通过节点的属性控制 CreateMode. EPHEMERAL_SEQUENTIAL 来指定），并根据序列号大小进行时序性操作。接下来介绍分布式锁的主要应用场景。

若所有客户端都去创建/distribute_lock 临时非序列化节点，那么最终成功创建的客户端也即拥有了这把锁，拥有了访问该数据的权限。当操作完毕后，断开与 ZooKeeper 的连接，那么该临时节点就会被删除，如果其他客户端需要操作这个文件，客户端只需监听这个目录是否存在即可。

本章小结

本章主要讲解 ZooKeeper 分布式协调服务。首先，通过对 ZooKeeper 中基本概念和特性的概述，让大家对 ZooKeeper 分布式协调服务有基本的认识；其次，对 ZooKeeper 的内部数据模型以及机制进行讲解，让大家明白 ZooKeeper 内部运行原理；最后，通过 Shell 对 ZooKeeper 的操作进行讲解，编写实际案例，让大家对本章的知识进行实践应用。通过本章的学习，大家可以使用 ZooKeeper 简化分布式系统构建的服务。

项目实践

1. 结合本章内容,完成 ZooKeeper 的分布式搭建,并完成相关配置。

2. 在搭建好的 ZooKeeper 中完成以下操作。

(1)开启 ZooKeeper 服务器,查看服务器状态。

bin 目录下存放着 ZooKeeper 服务器开启和停止的脚本 zkServer. sh,开启服务器命令如下:

```
. /bin/zkServer.sh start
```

与此同时,ZooKeeper 还提供了前端启动的方式,命令如下(一般情况下不使用这种启动方式):

```
. /bin/zkServer.sh start - foreground
```

停止命令为:

```
. /bin/zkServer.sh stop
```

(2)将最大用户连接数设置为 100,并启动服务器(启动服务器之前,需确保服务器处于关闭状态,可通过 status 查看服务器状态)。

①基础配置。

tickTime:Client 和 Server 通信心跳数。

ZooKeeper 服务器之间或客户端与服务器之间的心跳间隔时间(以毫秒为单位)。心跳是 ZooKeeper 用来确认对方(服务器或客户端)状态的方式。如果一个服务器在 tickTime 指定的时间内没有发送心跳信号,则它的对等节点会将其标记为不可用。

initLimit:LF 初始通信时限。

是 ZooKeeper 的一个配置参数,它表示了 ZooKeeper 接受客户端初始连接时最大的时限。当一个客户端尝试连接到 ZooKeeper 服务器时,它会发送一系列的 ping 请求来验证与服务器的连接。initLimit 参数定义了允许客户端完成这个初始连接过程的时间周期数目。每个心跳的时间周期是可配置的,默认是 tickTime。

syncLimit:LF 同步通信时限。

集群中的 Follower 服务器与 Leader 服务器之间请求和应答之间能容忍的最多心跳数(tickTime 的数量)。

dataDir:数据文件目录。

ZooKeeper 保存数据的目录,默认情况下,ZooKeeper 将写数据的日志文件也保存在这个目录里。

clientPort:客户端连接端口。

客户端连接 ZooKeeper 服务器的端口,ZooKeeper 会监听这个端口,接受客户端的访问请求。

maxClientCnxns:客服端最大连接数。

默认值是 60,一个客户端能够连接到同一个服务器上的最大连接数,根据 IP 来区分。如果设置为 0,表示没有任何限制。设置该值是为了防止 DoS 攻击。

②高级配置。

一般情况下,不需要更改或添加以下配置,根据用户实际需求进行添加或修改即可。

dataLogDir:用于配置 ZooKeeper 服务器存储事务日志文件的路径。

globalOutstandingLimit:限制系统中未处理的请求数量不超过 globalOutstandingLimit 设置的值。默认的限制是 1 000。

preAllocSize:用于配置 ZooKeeper 事务日志文件预分配的磁盘空间大小。默认的块大小是 64 MB。

snapCount:ZooKeeper 将事务记录到事务日志中。当 snapCount 个事务被写到一个日志文件后,启动一个快照并创建一个新的事务日志文件。snapCount 的默认值是 100 000。

traceFile:如果定义了该选项,那么请求将会记录到一个名为 traceFile. year. month. day 的跟踪文件中。

autopurge. snapRetainCount:当启用自动清理功能后,ZooKeeper 将只保留 autopurge. snapRetainCount 个最近的数据快照(dataDir)和对应的事务日志文件(dataLogDir),其余的将会删除掉。默认值是 3,最小值也是 3。

autopurge. purgeInterval:用于配置触发清理任务的时间间隔,以小时为单位。要启用自动清理,可以将其值设置为一个正整数(大于 1)。默认值是 0。

syncEnabled:和参与者一样,观察者现在默认将事务日志以及数据快照写到磁盘上,这将减少观察者在服务器重启时的恢复时间。将其值设置为 false 可以禁用该特性。默认值是 true。

minSessionTimeout:服务器允许客户端会话的最小超时时间,以毫秒为单位。默认值是 2 倍的 tickTime。

maxSessionTimeout:服务器允许客户端会话的最大超时时间,以毫秒为单位。默认值是 20 倍的 tickTime。

③日志输出配置。

ZooKeeper 的日志输出信息都打印到了 zookeeper. out 文件中,这样输出路径没有办法控制。

通过修改 zkEnv. sh 可以到达控制日志输出信息的位置。使用如下命令:

```
vi/opt/zookeeper-3.4.12/bin/zkEnv.sh
```

根据实际情况修改 ZOO_LOG_DIR 的值并保存即可。

④ZooKeeper 配置。

根据用户实际需求修改配置文件,以达到用户的目标。

一般地,ZooKeeper 的配置文件放在安装目录的 conf 文件夹中,通过 vi 命令直接修改并保存,再重启 ZooKeeper 即可完成。

例如:

```
vi /opt/zookeepe/conf/zoo.cfg
```

根据需求直接编辑并保存即可(#为注释符号,表示该行不会被 ZooKeeper 读取。例如 maxClientCnxns,如果希望该配置项生效,需要将#删除)。

(3)修改 ZooKeeper 配置,将端口改为 2182。

(4)添加 preAllocSize 配置项,值为 300。

(5)日志输出路径修改为/opt/zookeeper(修改 zkEnv. sh)。

(6)启动服务器,并通过 zkCli. sh 建立与 Server 的连接(启动服务器之前,确保服务器处于关闭状态,可通过 status 查看服务器状态)。

(7)创建/enode 临时节点(节点数据为空)。

(8)创建/spnode 持久节点(节点数据为空)。

(9)断开客户端(zkCli. sh)与客服端连接。

本章习题

一、填空题

1. ZooKeeper 集群主要有_____、_____和_____三种角色。

2. Znode 有两种节点,分别是_____和_____。

3. ZooKeeper 引入_____机制实现分布式的通知功能。

二、判断题

1. ZooKeeper 对节点的 Watch 监听通知是永久性的。(　　　)

2. ZooKeeper 集群宕机数超过集群数一半,则 ZooKeeper 服务失效。(　　　)

3. ZooKeeper 可以作为文件存储系统,因此可以将大规模数据文件存于该系统中。(　　　)

三、选择题

1. ZooKeeper 启动时,会最多监听(　　　)个端口。

A. 1　　　　　　　　B. 2　　　　　　　　C. 3　　　　　　　　D. 4

2. 下列操作可以设置一个监听器的是(　　　)。

A. getData　　　　B. getChildren　　　C. exists　　　　D. setData

3. 下列关于 ZooKeeper 的描述,正确的是(　　　)。

A. 无论客户端连接的是哪个 ZooKeeper 服务器,其看到的服务端数据模型都是一致的

B. 从同一个客户端发起的事务请求,最终将会严格按照其发起顺序被应用到 ZooKeeper 中

C. 在一个由 5 个节点组成的 ZooKeeper 集群中,如果同时有 3 台机器宕机,则服务不受影响

D. 如果客户端连接到 ZooKeeper 集群中的那台机器突然宕机, 客户端会自动切换连接到集群其他机器

四、简答题

1. 简述 Watch 机制的特点。
2. 简述 ZooKeeper 集群选举机制。

第 6 章

Hive

引言

在分布式环境下采用数据仓库技术,从海量数据中快速获取数据有效价值成为 Hive 诞生的背景。Hive 是基于 Hadoop 的数据仓库工具,可以将结构化的数据文件映射为一张数据库表,并提供完整的 SQL 查询功能。可以将 SQL 语句转换为 MapReduce 任务运行。Hive 具有稳定和简单易用的特性,成为当前企业在构建企业级数据仓库时使用较为普遍的大数据组件之一。本章主要对 Hive 的基础知识进行讲解,为后续更加深入地学习 Hive 奠定基础。

6.1 认识数据仓库

6.1.1 数据仓库简介

数据仓库,英文名称为 Data WareHouse,可以简写为 DW 或 DWHO。数据仓库的目的是构建面向分析的集成化数据环境,为组织或企业提供决策支持。数据仓库本身不"生产"任何数据,同时自身也不需要"消费"任何数据,数据仓库存储的数据来源于外部业务系统,并且开放给外部应用,这也就是数据仓库称为"仓库"而不是称为"工厂"的原因。

数据仓库是一个面向主题的(subject – oriented)、数据集成的(integrated)、非易失的(non – volatile)和时变的(time – variant)数据集合,这里对数据仓库的定义,指出了数据仓库的 4 个特点。

1. 数据仓库是面向主题的

数据库应用以业务流程来划分应用程序和数据库,例如进销存系统管理了进货、销售、存储等业务流程;而数据仓库以数据分析需求来对数据进行组织并划分成若干主题,主题是一个抽象的概念,可以理解为相关数据的分类、目录等,例如,通过销售主题可以销售相关的分析,如年度销量排行、月度订单量统计等。总之,数据仓库是以分析需求为导向来组织数据的,数据库应用系统是以业务流程为导向来组织数据的。

2. 数据仓库是数据集成的

集成的概念与面向主题是密切相关的。假设公司有多条产品线和多种产品销售渠道,而每个产品线都有自己独立的数据库,此时要想从公司层面整体分析销售数据,则必须将多个分散的数据源集成在数据仓库的销售主题中,就可以从销售主题进行数据分析。

3. 数据仓库是非易失的

数据仓库是根据数据分析需求来存储数据,主要目的是为决策分析提供数据,所涉及的操作主要是数据的查询和分析。为了保证数据分析的准确性和稳定性,数据仓库中的数据一般很少更新。

4. 数据仓库是时变的

数据仓库中存储的数据是历史数据,历史数据是随时间变化的,如历年的销售数据都会存储到数据仓库中,即使数据仓库中的数据很少更新,但也不能保证没有变化,例如以下场景。

(1)添加新数据:每年的销售数据都会逐渐添加到数据仓库。

(2)删除过期数据:数据仓库中的数据会保存很长的时间(如过去的 5~10 年),但也有过期时间,到过期时间会删除过期数据。

(3)对历史明细数据进行聚合:为了方便数据分析,根据分析需求会将比较细粒度的数据进行数据聚合存储,这也是时变的一种表现。例如,为了方便统计年度销售额,会先将销售记录按月进行统计,统计年度销售额时,只需要针对月度销售统计结果进行累加即可。

数据处理大致可以分为两类,分别是联机事务处理和联机分析处理。

(1)联机事务处理(On - Line Transaction Processing,OLTP),也称为面向交易的处理过程,是传统关系数据库的主要应用。OLTP 基本特征是前台接收的用户数据可以立即传送到计算中心进行处理,并在很短的时间内给出处理结果,是对用户操作快速响应的方式之一,例如 ERP 系统、CRM 系统和互联网电商系统等。这类系统的特点是事务操作频繁,数据量小。

(2)联机分析处理(On - Line Analytical Processing,OLAP),也称为决策支持系统(DSS),是数据仓库系统的主要应用。OLAP 支持复杂的分析操作,侧重于决策支持,并且提供直观易懂的查询结果,这类系统的特点是没有事务性操作,主要是查询操作,数据量大。

6.1.2　数据仓库分层

作为数据的规划者,都希望数据能够有秩序地流转,数据的整个生命周期能够清晰、明确地被设计者和使用者感知到。但是,在大多数情况下,数据体系却是复杂的、层级混乱的。因此,需要一套行之有效的数据组织和管理方法来让数据体系更有序,这就是数据仓库分层。数据仓库分层并不能解决所有的数据问题,但是它可以带来如下好处。

(1)清晰数据结构。数据仓库的每个分层都有它的作用域和职责,在使用表的时候能更方便地定位和理解。

(2)复杂问题简单化。将一个复杂的任务分解成多个步骤来完成,数据仓库的每一层能解决特定的问题。

(3)便于维护。当数据出现问题之后,可以不用修复所有的数据,只需要从存在问题层的数据开始修复。

(4)减少重复开发。规范数据仓库分层,开发一些通用的中间层数据,能够减少重复开发的工作量。

（5）高性能。数据仓库的构建将大大缩短获取信息的时间,数据仓库作为数据的集合,所有的信息都可以从数据仓库直接获取,尤其对于海量数据的关联查询和复杂查询,所以,数据仓库分层有利于实现复杂的统计需求,提高数据统计的效率。

数据仓库通常分为 3 层,即源数据层(ODS)、数据仓库层(DW)和数据应用层(DA)。首先,源数据层采集并存储的数据来源于不同的数据源,例如单击流数据、数据库数据及文档数据等;然后,通过 ETL(Extract – Transform – Load,抽取 – 转换 – 加载)将清洗和转换后的数据装载到数据仓库层;最后,数据应用层根据实际业务需求获取数据仓库层的数据实现报表展示、数据分析或数据挖掘等操作。下面针对数据仓库分层架构中的各个分层进行详细介绍。

1. 源数据层

源数据层存储的数据是数据仓库的基础数据,该层存储的数据抽取自不同的数据源,抽取的这些数据通常会进行诸如去噪、去重、标准化等一系列转换操作后才会加载到源数据层。不过,在某些应用场景中,为了确保源数据层存储数据的原始性,也可以直接将不同数据源抽取的数据加载到源数据层,不进行任何转换操作。

2. 数据仓库层

数据仓库层存储的数据是对源数据层中数据的轻度汇总。所谓轻度汇总,就是按照一定的主题去组合这些数据。数据仓库层从上到下,又可以细分为明细层(DWD)、中间层(DWM)和业务层(DWS),具体介绍如下:

（1）明细层的作用是根据业务需求对源数据层的数据进行进一步转换,不过该层的数据粒度与源数据层的数据粒度保持一致。

（2）中间层的作用是在明细层的基础上,对数据做一些轻微的聚合操作,生成一系列的中间表,从而提高公共指标的复用性,减少重复工作。

（3）业务层的作用是在明细层和中间层的基础上,对某个主题的数据进行汇总,其主要用于为后续的数据应用层提供查询服务。业务层的表会相对较少,一张表会涵盖比较多的业务内容,包含较多的字段,因此通常称该层的表为宽表。

3. 数据应用层

数据应用层的数据可以来源于明细层,也可以来源于业务层,或者是二者混合的数据。数据应用层的数据主要是提供给数据分析、数据挖掘、数据可视化等实际业务场景使用的数据。

（1）事实表。

每个数据仓库都包含一个或者多个事实表,事实表是对分析主题的度量,它包含了与各维度表相关联的外键,并通过连接(join)方式与维度表关联。

事实表的度量通常是数值类型,且记录数会不断增加,表规模迅速增长。例如,有一张订单事实表,其字段 Prod_id(商品 id)可以关联商品维度表,字段 TimeKey(订单时间)可以关联时间维度表等。

（2）维度表。

维度表可以看作用户分析数据的窗口。维度表中包含事实表中事实记录的特性,有些特性提供描述性信息,有些特性指定如何汇总事实表数据,以便为分析者提供有用的信息。

维度表包含帮助汇总数据的特性的层次结构。维度是对数据进行分析时特有的一个角度,站在不同角度看待问题,会有不同的结果。例如,当分析产品销售情况时,可以选择按照商品类别、商品区域进行分析,此时就构成一个类别、区域的维度。维度表信息较为固定,并且数据量小。维度表中的列字段可以将信息分为不同层次的结构级。

(3)中间表。

中间表是业务逻辑中的概念,主要用于存储中间计算结果的数据表,可以通过中间表拓展其他计算,从而减小复杂度。临时表是中间表较多采用的一种形式。

6.1.3 数据仓库的数据模型

在数据仓库建设中,一般会围绕着星状模型和雪花状模型来设计数据模型。下面介绍这两种模型的概念。

1. 星状模型

在数据仓库建模中,星状模型是维度建模中的一种选择方式。星状模型由一个事实表和一组维度表组合而成,并且以事实表为中心,所有的维度表直接与事实表相连。所有的维度表都直接连接到事实表上,维度表的主键放置在事实表中,外键用来连接事实表与维度表,因此,维度表和事实表是有关联的。然而,维度表与维度表并没有直接相连,因此,维度表之间是没有关联的。

2. 雪花状模型

雪花状模型是维度建模中的另一种选择,它是对星状模型的扩展,雪花状模型的维度表可以拥有其他的维度表,并且维度表与维度表之间是相互关联的,因此,雪花状模型比星状模型更规范一些。但是,由于雪花状模型需要关联多层的维度表,所以性能也比星状模型要低,不是很常用。

6.1.4 Hive 概述

Hive 是基于 Hadoop 的数据仓库工具,主要用来对数据进行抽取、转换、加载操作。Hive 定义了简单的类 SQL 查询语言,称为 HiveQL,它可以将结构化的数据文件映射为一张数据表,允许熟悉 SQL 的用户查询数据,也允许熟悉 MapReduce 的开发者开发自定义的 mapper 和 reducer 来处理内建的 mapper 和 reducer 无法完成的复杂的分析工作,相对于 Java 代码编写的 MapReduce 来说,Hive 的优势更加明显。

由于 Hive 采用了类 SQL 的查询语言 HiveQL,所以很容易将 Hive 理解为数据库。其实,从结构上来看,Hive 和数据库除了拥有类似的查询语言,再无其他类似之处。

6.1.5 Hive 架构

Hive 是底层封装了 Hadoop 的数据仓库处理工具,其运行在 Hadoop 基础之上。Hive 架构组成主要包含 4 个部分,分别是用户接口、跨语言服务、驱动程序以及元数据存储系统,用户通过不同类型的用户接口操作 Hive 时的执行流程有所不同。当用户使用 CLI(命令行工具)或者 Web UI 操作 Hive 时,Hive 会将用户输入的 HiveQL 语句直接发送给驱动引擎(Driver)处理并生成执行计划,生成的执行计划会交给 NameNode 和 ResourceManager 进行处理。当用户使用 JDBC/ODBC(客户端程序)操作 Hive 时,需要先通过跨语言服务(Thrift Server)将客户端程序使用的语言转换为 Hive 可以解析的语言,然后发送给驱动程序处理并生成执行计划。下面针对 Hive 架构的重要组成部分进行讲解,具体如下。

(1)用户接口:主要包括 CLI、JDBC/ODBC 和 Web UI。其中,CLI 表示通过 Hive 自带的命令行工具连接 Hive 进行操作;JDBC/ODBC 表示支持通过 Java 数据库连接和开放性数据库连接两种方式连接 Hive 进行操作;Web UI 表示通过 Hive 自身或第三方应用提供的可视化界面连接 Hive 进行操作。

(2)跨语言服务:Thrift 是一个 RPC(远程过程调用)框架,用来进行可扩展且跨语言的服务器开发,可以使用不同的编程语言调用 Hive 的接口。

(3)驱动引擎:主要包含 Compiler(编译器)、Optimizer(优化器)和 Executor(执行器),它们用于完成 HiveQL 查询语句的词法分析、语法分析、编译、优化和查询计划的生成,生成的查询计划存储在 HDFS 中,并在随后由 MapReduce 调用执行。

(4)元数据存储系统:Hive 中的元数据通常包含表名、列、分区及其相关属性,以及表数据所在目录的位置信息等相关属性。元数据存储系统默认保存在 Hive 自带的 Derby 数据库中。不过 Derby 数据库不适合多用户操作,并且数据存储目录不固定,不方便管理,因此通常将元数据存储在 MySQL 数据库。

6.1.6 Hive 工作原理

Hive 利用 Hadoop 的 HDFS 存储数据,利用 Hadoop 的 MapReduce 执行查询。那么 Hive 和 Hadoop 之间是如何相互协作执行任务的呢? 接下来,通过图 6-1 来描述 Hive 和 Hadoop 之间的工作原理。

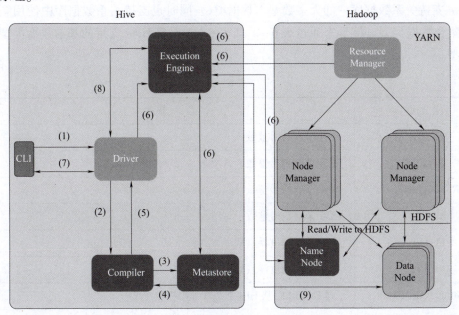

图 6-1

关于图 6 – 1 描述的 Hive 和 Hadoop 相互协作的工作原理,具体介绍如下。

(1)CLI 将用户提交的 HiveQL 语句发送给 Driver。

(2)Driver 将 HiveQL 语句发送给 Compiler 获取执行计划。

(3)Compiler 从 Metastore 获取 HiveQL 语句所需的元数据。

(4)Metastore 将查询到的元数据信息发送给 Compiler。

(5)Compiler 得到元数据后,首先将 HiveQL 语句转换为抽象语法树,然后将抽象语法树转换为查询块,接着将查询块转换为逻辑执行计划,最后将逻辑执行计划转换为物理执行计划,并将物理执行计划解析为 MapReduce 任务发送给 Driver。

(6)Driver 将 MapReduce 任务发送给 Execution Engine(执行引擎)执行,Execution Engine 接收到 MapReduce 任务后,首先从 Metastore 获取元数据,然后将元数据写入 HDFS,接着将 MapReduce 任务提交到 ResourceManager,ResourceManager 接收到 MapReduce 任务后,将其分配到指定的 NodeManager 去执行,NodeManager 执行任务时,会向 NameNode 发送读写请求来获取相关数据以及写入临时文件的结果文件,最后 ResourceManager 返回 MapReduce 任务的执行信息。

(7)CLI 向 Driver 发送获取 HiveQL 语句执行结果的请求。

(8)Driver 与 Execution Engine 进行通信,发送获取 HiveQL 语句执行结果的请求。

(9)Execution Engine 向 NameNode 发送获取 HiveQL 语句执行结果的请求,NameNode 获取到 HiveQL 语句的执行结果后,会将执行结果返回 Execution Engine,Execution Engine 将执行结果返回 Driver,最终 Driver 将执行结果返回 CLI。

6.1.7 Hive 数据类型

Hive 支持关系数据库中的大多数基本数据类型,同时也支持关系数据库中使用频率较低的 3 种集合数据类型。接下来通过表 6 – 1 和表 6 – 2 列举 Hive 支持的基本数据类型和集合数据类型。

表 6 – 1

数据类型	描述
TINYINT	1 字节有符号整数
SMALLINT	2 字节有符号整数
INT/INTEGER	4 字节有符号整数
BIGINT	8 字节有符号整数
FLOAT	4 字节单精度浮点数
DOUBLE	8 字节双精度浮点数
DOUBLE PRECISION	同 DOUBLE,从 Hive 2.2.0 开始提供

续表

数据类型	描述
DECIMAL	高精度浮点数,使用方式为 DECIMAL(precision,scale)。其中,precision 表示数字的最大位数,取值范围是[1,38];scale 表示小数点后的位数,取值范围是[0,p]。例如,DECIMAL(6,2)表示数字的最大位数为6,其中,整数部分的最大位数为4,小数部分最大位数为2,如果小数部分的位数小于2,则以0进行填充。若不指定 precision 和 scale 的值,则默认值分别为 10 和 0
NUMERIC	同 DECIMAL,从 Hive 3.0 开始提供
TIMESTAMP	精度到纳秒的 UNIX 时间戳
DATE	以年/月/日形式描述的日期,格式为 YYYY – MM – DD
INTERVAL	表示时间间隔,例如,INTERVAL 1 DAY 表示间隔一天
STRING	字符串,没有长度限制
VARCHAR	变长字符串,字符串长度限制区间为 1 ~ 65 355,例如,VARCHAR(20)表示当插入 20 个字符时,会占用 20 个字符的位置
CHAR	定长字符串,例如 CHAR(30),当插入 20 个字符时,会占用 30 个字符位置,剩余的 10 个字符位置由空格填充
BOOLEAN	用于存储布尔值,即 true 或 false
BINARY	字节数组

表 6 – 2

数据类型	描述
ARRAY	ARRAY 是一组具有相同数据类型元素的集合。ARRAY 中的元素是有序的,每个元素都有一个编号,编号从 0 开始,因此可以通过编号获取 ARRAY 指定位置的元素
MAP	MAP 是一种键值对形式的集合,通过 key(键)来快速检索 value(值)。在 MAP 中,key 是唯一的,但 value 可以重复
STRUCT	STRUCT 和 C 语言中的 struct 或者"对象"类似,都可以通过"点"符号访问元素内容,元素的数据类型可以不相同

在表 6 – 2 中,ARRAY 和 MAP 这两种数据类型与 Java 中的同名数据类型类似,而 STRUCT 是一种记录类型,它封装了一个命名字段集合。集合数据类型允许任意层次的嵌套,其声明方式必须使用尖括号指明其中数据字段的类型,示例代码如下。

```
CREAT TABLE complex(
coll ARRAY < int >,
CO12 MAP < INT, STRING >,
col3 STRUCT < a:STRING,b:INT,c:DOUBLE >p
)
```

上述代码中,定义列 col3 的数据类型为 STRUCT。其中,a、b 和 c 可以理解为"点",需要在创建表时指定,a 对应元素的数据类型为 STRING,b 对应元素的数据类型为 INT,c 对应元素的数据类型为 DOUBLE。

6.2 搭建 Hive 安装环境

"工欲善其事,必先利其器",比喻要做好一件事情,准备工具非常重要。同样,想要深入地学习 Hive,准备好 Hive 环境是至关重要的。Hive 支持在 macOS、Linux 和 Windows 这些主流操作系统中进行部署,考虑到 Hive 在企业中的实际应用场景,本章继续选用 Linux 作为运行 Hive 的操作系统。本章建立在第 2 章和第 5 章的基础上,如果还未完成前面的章节,请自行完成。

搭建好分布式的 Hadoop 集群及 ZooKeeper 之后,先要安装 MySQL。在 Linux 环境下,安装 MySQL 的过程与 Windows 下的安装略有不同,选择的版本是 MySQL – 5.7.29,安装节点是 master。

6.2.1 安装原因

Hive 是一种开源的数据仓库解决方案,它可以使用户使用 SQL 语言来查询和分析大型数据集。但是,在安装和配置 Hive 时,为什么需要依赖 MySQL 数据库呢? 基于以下几个要素。

MySQL 安装 2

1. Hive 的元数据存储

Hive 的元数据存储在关系数据库中。元数据包括表、列、分区等信息。这些信息需要被 Hive 查询处理和优化器使用。因此,Hive 需要一个可靠的数据库来存储这些元数据。

2. MySQL 的可靠性和稳定性

MySQL 是一种可靠的、稳定的关系数据库管理系统。它被广泛应用于各种应用程序和数据仓库中。Hive 选择依赖 MySQL 是因为它可以提供可靠的、稳定的数据存储和查询服务。

3. MySQL 的广泛应用

MySQL 是一种广泛应用的关系数据库管理系统。它有很多用户和开发者社区,可以提供丰富的支持和帮助。Hive 依赖 MySQL 可以获得来自 MySQL 社区的支持和帮助。

4. MySQL 的易用性和灵活性

MySQL 是一种易用的、灵活的关系数据库管理系统。它可以在各种操作系统和硬件平台上运行。Hive 选择依赖 MySQL 是因为它可以提供易用的、灵活的数据存储和查询服务。

5. Hive 与 MySQL 的集成

Hive 与 MySQL 的集成非常紧密。在 Hive 的安装和配置过程中,需要配置 MySQL 的连接信息和元数据存储信息。这种紧密的集成可以使 Hive 获得更好的性能和可靠性。

Hive 必须依赖 MySQL 进行安装配置,是因为 Hive 的元数据存储需要一个可靠的数据库来支持,MySQL 是一种可靠的、稳定的关系数据库管理系统,它被广泛应用于各种应用程序和数据仓库中。此外,MySQL 还具有易用性、灵活性和应用广泛的优势。Hive 与 MySQL 的集成非常紧密,这种紧密的集成可以使 Hive 获得更好的性能和可靠性。

6.2.2 安装过程

(1)检查是否已经安装过 MySQL,执行以下命令,如图 6-2 所示。

```
rpm -qa | grep mysql
```

```
[root@localhost ~]# rpm -qa | grep mysql
[root@localhost ~]#
```

图 6-2

(2)如图 6-3、图 6-4 所示。

查询所有 MySQL 对应的文件夹。

```
where is mysql
```

```
[root@localhost ~]# whereis mysql
mysql:
[root@localhost ~]#
```

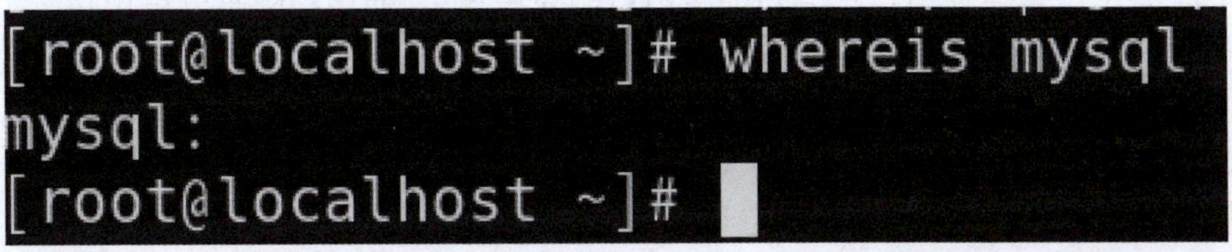

图 6-3

```
find / -name mysql
```

```
[root@localhost ~]# find / -name mysql
/var/lib/selinux/targeted/active/modules/100/mysql
/usr/share/bash-completion/completions/mysql
/usr/share/selinux/targeted/default/active/modules/100/m
ysql
[root@localhost ~]#
```

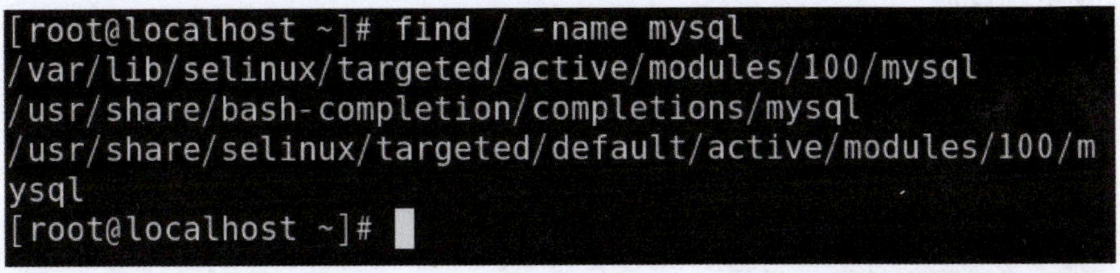

图 6-4

删除相关目录或文件,如图 6 - 5 所示。

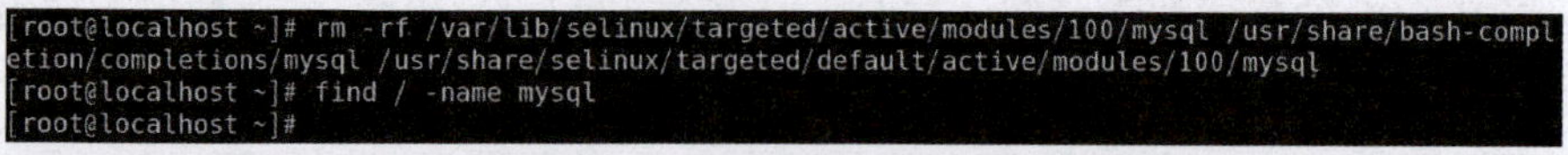

图 6 - 5

(3)检查 MySQL 用户组和用户是否存在,如果没有,则创建,如图 6 - 6 所示。

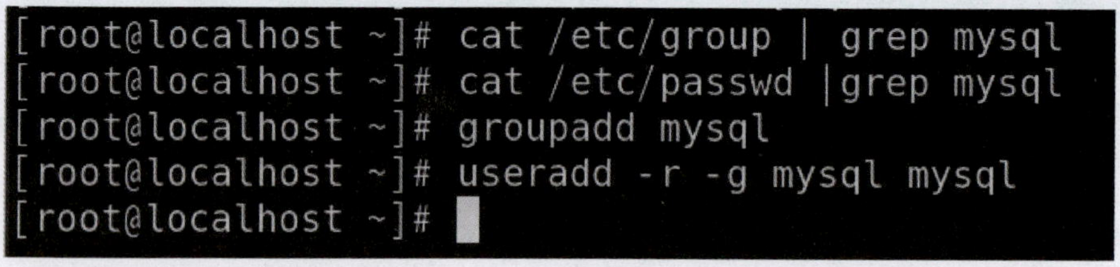

```
[root@ localhost /]# cat /etc/group |grep mysql
[root@ localhost /]# cat /etc/passwd |grep mysql
[root@ localhost /]# groupadd mysql
[root@ localhost /]# useradd - r - g mysql mysql
[root@ localhost /]#
```

图 6 - 6

注释:

useradd 命令详解如下。

①作用。

useradd 命令用来建立用户账号和创建用户的起始目录,使用权限是终极用户。

②格式。

useradd [- d home] [- s shell] [- c comment] [- m [- k template]] [- f inactive] [- e expire] [- p passwd] [- r] name

③主要参数。

- c:加上备注文字,备注文字保存在 passwd 的备注栏中。

- d:指定用户登录时的起始目录。

- D:变更预设值。

- e:指定账号的有效期限,缺省表示永久有效。

- f:指定在密码过期后多少天即关闭该账号。

- g:指定用户所属的起始群组。

- G:指定用户所属的附加群组。

- m:自动建立用户的登录目录。

- M:不要自动建立用户的登录目录。

- n:取消建立以用户名称为名的群组。

-r:建立系统账号。

-s:指定用户登录后所使用的 shell。

-u:指定用户 ID 号。

④说明。

useradd 可用来建立用户账号,它和 adduser 命令是相同的。账号建好之后,再用 passwd 设定账号的密码。使用 useradd 命令所建立的账号实际上保存在/etc/passwd 文本文件中。

(4)在 Linux 下安装 MySQL。

①上传文件,如图 6－7 所示。

```
E:\tool\system\mysql>pscp mysql-5.7.29-linux-glibc2.12-x86_64.tar.gz root@192.168.1.109:/usr/local/etc
root@192.168.1.109's password:
```

图 6－7

②回到虚拟机中对应目录下查看,如图 6－8 所示。

```
[root@localhost etc]# ls
mysql-5.7.29-linux-glibc2.12-x86_64.tar.gz
[root@localhost etc]#
```

图 6－8

③将安装文件解压,如图 6－9 所示。

```
[root@localhost etc]# ls
mysql-5.7.29-linux-glibc2.12-x86_64.tar.gz
[root@localhost etc]# tar -zxvf mysql-5.7.29-linux-glibc2.12-x86_64.tar.gz
```

图 6－9

④查看解压后的文件,如图 6－10 所示。

```
[root@localhost etc]# ls
mysql-5.7.29-linux-glibc2.12-x86_64  mysql-5.7.29-linux-glibc2.12-x86_64.tar.gz
[root@localhost etc]#
```

图 6－10

⑤将解压出来的 mysql－5.7.29－linux－glibc2.12－x86_64 的目录名重命名为 mysql,如图 6－11 所示。

```
[root@localhost etc]# mv mysql-5.7.29-linux-glibc2.12-x86_64 mysql
[root@localhost etc]# ls
mysql  mysql-5.7.29-linux-glibc2.12-x86_64.tar.gz
```

图 6－11

（5）在 mysql 目录下创建 data 目录，如图 6 – 12 所示。

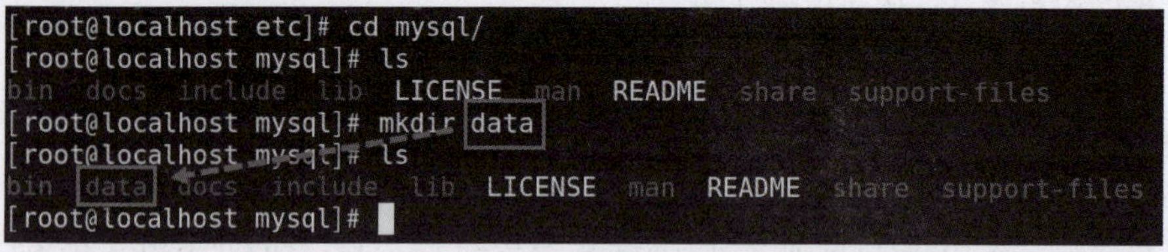

图 6 – 12

（6）更改 mysql 目录下所有的目录及文件夹所属的用户组和用户及权限，如图 6 – 13 所示。

图 6 – 13

注释：

chmod 是 Linux 下设置文件权限的命令，后面的数字表示不同用户或用户组的权限。一般是三个数字：

第 1 个数字表示文件所有者的权限。

第 2 个数字表示与文件所有者同属一个用户组的其他用户的权限。

第 3 个数字表示其他用户组的权限。

权限分为三种：读（r = 4），写（w = 2），执行（x = 1）。综合起来，还有可读可执行（rx = 5 = 4 + 1）、可读可写（rw = 6 = 4 + 2）、可读可写可执行（rwx = 7 = 4 + 2 + 1）。

所以，chmod 755 设置用户的权限为：

①文件所有者可读可写可执行。

②与文件所有者同属一个用户组的其他用户可读可执行。

③其他用户组可读可执行。

（7）编译安装并初始化 MySQL，如图 6 – 14 所示。务必记住初始化输出日志末尾的密码（数据库管理员临时密码）。

```
cd /usr/local/etc/mysql/bin
mysqld - - initialize - - user = mysql - - datadir = /usr/local/etc/mysql/data - -
basedir = /usr/local/etc/mysql
```

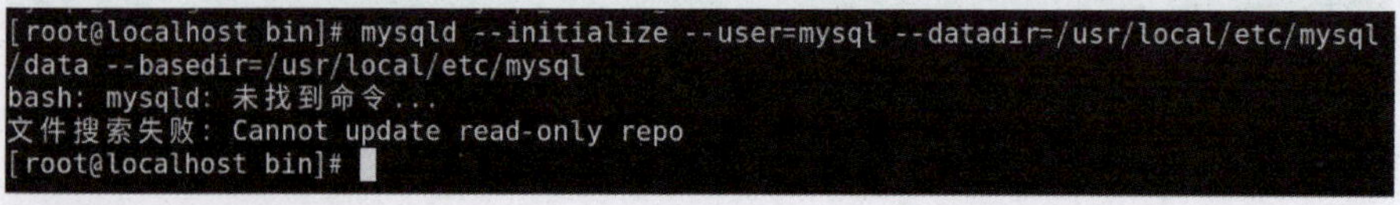

图 6 – 14

出现出错提示，解决办法是添加环境变量，执行 vim /etc/profile，然后输入图 6 – 15 所示内容。

```
export PATH=$PATH:/usr/local/etc/mysql/bin
```

图 6 – 15

保存退出，输入 ":wq!"。

运行 source /etc/profile，如图 6 – 16 所示。

```
[root@localhost bin]# vim /etc/profile
[root@localhost bin]# source /etc/profile
[root@localhost bin]#
```

图 6 – 16

再次运行下列指令，如图 6 – 17 所示。

```
mysqld – – initialize – – user = mysql – – datadir = /usr/local/etc/mysql/data – –
basedir = /usr/local/etc/mysql
```

```
[root@localhost bin]# source /etc/profile
[root@localhost bin]# mysqld --initialize --user=mysql --datadir=/usr/loc                   loc
al/etc/mysql
2020-04-06T15:31:04.269463Z 0 [Warning] TIMESTAMP with implicit DEFAULT va           exp
licit_defaults_for_timestamp server option (see documentation for more deta
2020-04-06T15:31:04.484522Z 0 [Warning] InnoDB: New log files created, LSN=
2020-04-06T15:31:04.524311Z 0 [Warning] InnoDB: Creating foreign key constraint system tab
2020-04-06T15:31:04.584296Z 0 [Warning] No existing UUID has been found, so we assume that        is the first
time that this server has been started. Generating a new UUID: a0d2d3a2-781b-11ea-bd7d-000c2   c3128.
2020-04-06T15:31:04.585144Z 0 [Warning] Gtid table is not ready to be used. Table 'mysql.gtid_executed' canno
t be opened.
2020-04-06T15:31:05.119767Z 0 [Warning] CA certificate ca.pem is self signed.
2020-04-06T15:31:05.326963Z 1 [Note] A temporary password is generated for root@localhost: qj_uiOAdw7k5
[root@localhost bin]#
```
mysql管理员临时登录密码，需记下来

图 6 – 17

将临时登录密码 qj_uiOAdw7k5 记录下来。

编辑/etc/my. cnf 文件，如图 6 – 18 所示。

```
[root@localhost bin]# vim /etc/my.cnf
```

图 6 – 18

添加以下代码，如图 6 – 19 所示。

```
port = 3306
sql_mode = NO_ENGINE_SUBSTITUTION,STRICT_TRANS_TABLES
max_connections = 400
basedir  = /usr/local/etc/mysql
datadir  = /usr/local/etc/mysql/data
```

```
socket = /tmp/mysql.socK
character_set_server = utf8
[client]
port = 3306
socket = /tmp/mysql.socK
```

```
#! includedir /etc/my.cnf.d
[mysql]
[mysqld]
port=3306

sql_mode=NO_ENGINE_SUBSTITUTION,STRICT_TRANS_TABLES
max_connections=400

basedir  =/usr/local/etc/mysql
datadir  =/usr/local/etc/mysql/data
socket=/tmp/mysql.socK
character_set_server=utf8
[client]
port = 3306
socket=/tmp/mysql.socK
```

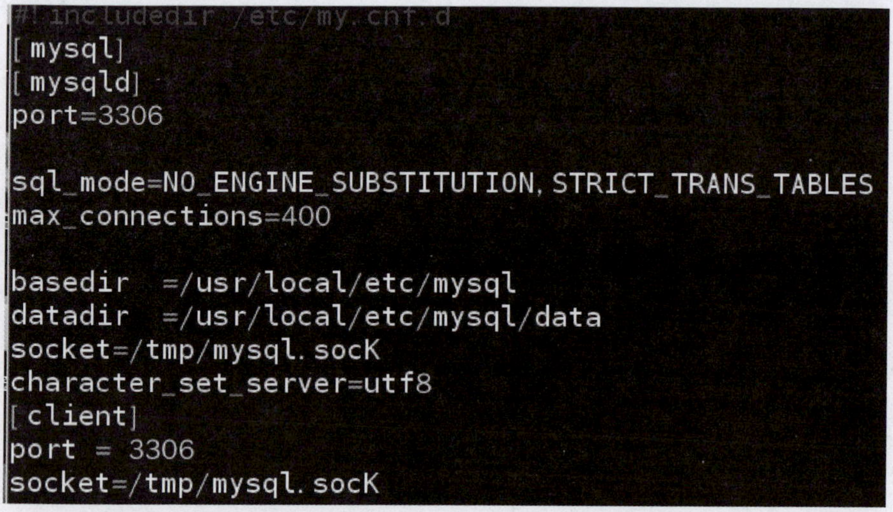

图 6 – 19

然后保存退出。

（8）做一个软连接，如图 6 – 20 所示。

```
ln – s /usr/local/etc/mysql/support – files/mysql.server /etc/init.d/mysql
```

```
[root@localhost /]# ln -s /usr/local/etc/mysql/support-files/mysql.server /etc/init.d/mysql
```

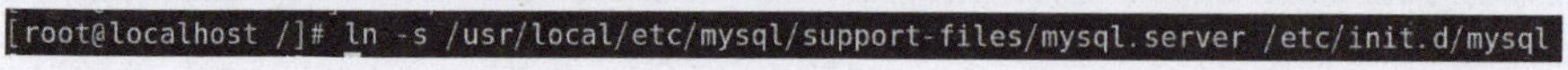

图 6 – 20

（9）启动 MySQL 服务，输入如图 6 – 21 所示的指令。

```
[root@localhost /]# service mysql start
Starting MySQL.Logging to '/usr/local/etc/mysql/data/master1.err'.
 SUCCESS!
[root@localhost /]#
```

图 6 – 21

（10）建立一个软连接，连接 MySQL 服务，方便使用 MySQL 命令，如图 6 – 22 所示。

```
ln – s /usr/local/etc/mysql/bin/mysql /usr/bin/
```

```
[root@localhost /]# ln -s /usr/local/etc/mysql/bin/mysql /usr/bin/
[root@localhost /]#
```

图 6 – 22

（11）登录 MySQL。

```
mysql -u root -p
```

如果出现错误，如图 6 – 23 所示，执行步骤 1；如果无误，跳过步骤 1，执行步骤 2。

```
[root@localhost /]# mysql -u root -p
mysql: error while loading shared libraries: libncurses.so.5: cannot open shared object file: No such file or
directory
[root@localhost /]#
```

图 6 – 23

步骤 1：解决办法。

输入以下命令安装 libncurses. so. 5，如图 6 – 24 和图 6 – 25 所示。

```
yum install  libncurses.so.5
```

```
[root@localhost /]# yum install  libncurses.so.5
上次元数据过期检查：0:53:36 前，执行于 2020年04月06日 星期一  23时03分40秒。
依赖关系解决。
================================================================================
 软件包                    架构          版本                     仓库        大小
================================================================================
安装：
 ncurses-compat-libs       i686          6.1-7.20180224.el8       BaseOS      350 k
安装依赖关系：
 glibc32                   x86_64        2.28-42.1.el8            AppStream   1.5 M
 libgcc                    i686          8.3.1-4.5.el8            BaseOS       86 k
 libstdc++                 i686          8.3.1-4.5.el8            BaseOS      487 k

事务概要
================================================================================
安装  4 软件包

总下载：2.4 M
安装大小：8.3 M
确定吗？[y/N]:
```

图 6 – 24

```
确定吗？[y/N]: y
下载软件包：
(1/4): libgcc-8.3.1-4.5.el8.i686.rpm                    607 kB/s |  86 kB   00:00
(2/4): libstdc++-8.3.1-4.5.el8.i686.rpm                 1.5 MB/s | 487 kB   00:00
(3/4): ncurses-compat-libs-6.1-7.20180224.el8.i686.rpm  1.6 MB/s | 350 kB   00:00
(4/4): glibc32-2.28-42.1.el8.x86_64.rpm                 2.1 MB/s | 1.5 MB   00:00
--------------------------------------------------------------------------------
总计                                                    1.0 MB/s | 2.4 MB   00:02
运行事务检查
事务检查成功。
运行事务测试
事务测试成功。
运行事务
  准备中：                                                                    1/1
  安装    ：libgcc-8.3.1-4.5.el8.i686                                         1/4
  运行脚本：libgcc-8.3.1-4.5.el8.i686                                         1/4
  安装    ：glibc32-2.28-42.1.el8.x86_64                                      2/4
  运行脚本：glibc32-2.28-42.1.el8.x86_64                                      2/4
  安装    ：libstdc++-8.3.1-4.5.el8.i686                                      3/4
  运行脚本：libstdc++-8.3.1-4.5.el8.i686                                      3/4
  安装    ：ncurses-compat-libs-6.1-7.20180224.el8.i686                       4/4
  运行脚本：ncurses-compat-libs-6.1-7.20180224.el8.i686                       4/4
  验证    ：glibc32-2.28-42.1.el8.x86_64                                      1/4
  验证    ：libgcc-8.3.1-4.5.el8.i686                                         2/4
  验证    ：libstdc++-8.3.1-4.5.el8.i686                                      3/4
```

图 6 – 25

注释：

ncurses 是计算机语言，指的是提供字符终端处理库。

ncurses(new curses)是一套编程库，它提供了一系列的函数，以便使用者调用它们去生成基于文本的用户界面。

ncurses 名字中的 n 意味着"new"，因为它是 curses 的自由软件版本。

ncurses 是 GNU 计划的一部分，但它却是少数几个不使用 GNU GPL 或 LGPL 授权的 GNU 软件之一。

执行 yum install libncurses.so.5，但是安装完后依然报原来的错。通过 find/ − name libncurses * 命令查找相关文件，发现/usr/lib 下有 libncurses.so.5 链接文件，但是/usr/lib64 下没有，所以 MySQL 是在/usr/lib64 下查找 libncurses.so.5 文件的。可以根据/usr/lib/libncurses.so.5 的链接方式在/usr/lib64 下建立软链接：

```
sudo ln −s /usr/lib64/libncurses.so.6/usr/lib64/libncurses.so.5
```

再次登录，执行如图 6 − 26 所示的命令。

图 6 − 26

如果仍然报错，执行下面的指令，如图 6 − 27、图 6 − 28 所示；如果没有报错，跳过此步骤，直接执行步骤 2。

```
yum install libncurses *
```

图 6 − 27

```
安装大小: 1.3 M
确定吗? [y/N]: y
下载软件包:
(1/2): ncurses-c++-libs-6.1-7.20180224.el8.x86_64.rpm                465 kB/s |  58 kB    00:00
(2/2): ncurses-compat-libs-6.1-7.20180224.el8.x86_64.rpm             1.0 MB/s | 331 kB    00:00
---------------------------------------------------------------------------------------------------
总计                                                                 116 kB/s | 389 kB    00:03
运行事务检查
事务检查成功。
运行事务测试
事务测试成功。
运行事务
  准备中    :                                                                                1/1
  安装     : ncurses-compat-libs-6.1-7.20180224.el8.x86_64                                   1/2
  安装     : ncurses-c++-libs-6.1-7.20180224.el8.x86_64                                      2/2
  运行脚本: ncurses-c++-libs-6.1-7.20180224.el8.x86_64                                       2/2
  验证     : ncurses-c++-libs-6.1-7.20180224.el8.x86_64                                      1/2
  验证     : ncurses-compat-libs-6.1-7.20180224.el8.x86_64                                   2/2

已安装:
  ncurses-c++-libs-6.1-7.20180224.el8.x86_64              ncurses-compat-libs-6.1-7.20180224.el8.x86_64

完毕!
[root@localhost /]#
```

图 6 - 28

步骤 2:再次登录,执行如图 6 - 29 所示的命令。

```
[root@localhost /]# mysql -u root -p
Enter password:
```

图 6 - 29

此时可以登录了,输入密码 qj_uiOAdw7k5(之前保存的),如图 6 - 30 所示。

```
[root@localhost /]# mysql -u root -p
Enter password:
Welcome to the MySQL monitor.  Commands end with ; or \g.
Your MySQL connection id is 2
Server version: 5.7.29

Copyright (c) 2000, 2020, Oracle and/or its affiliates. All rights reserved.

Oracle is a registered trademark of Oracle Corporation and/or its
affiliates. Other names may be trademarks of their respective
owners.

Type 'help;' or '\h' for help. Type '\c' to clear the current input statement.

mysql>
```

图 6 - 30

登录成功。

(12)修改密码,执行 alter user user( ) identified by '密码',如图 6 - 31 所示。

```
mysql> alter user user() identified by '123456';
Query OK, 0 rows affected (0.00 sec)

mysql>
```

图 6 - 31

（13）退出 MySQL 后重新登录,如图 6 – 32 所示。

```
mysql> exit
Bye
[root@localhost /]# mysql -u root -p
Enter password:
Welcome to the MySQL monitor.  Commands end with ; or \g.
Your MySQL connection id is 3
Server version: 5.7.29 MySQL Community Server (GPL)

Copyright (c) 2000, 2020, Oracle and/or its affiliates. All rights reserved.

Oracle is a registered trademark of Oracle Corporation and/or its
affiliates. Other names may be trademarks of their respective
owners.

Type 'help;' or '\h' for help. Type '\c' to clear the current input statement.

mysql>
```

图 6 – 32

至此,MySQL 已经安装完毕。

6.3　Hive 的部署

Hive 的安装

Hive 有 3 种部署模式,分别是嵌入模式、本地模式和远程模式。关于这 3 种部署模式的具体介绍如下。

（1）嵌入模式。使用内嵌的 Derby 数据库存储元数据,这是 Hive 最简单的部署方式。在嵌入模式下运行 Hive 时,会在当前目录下生成元数据文件,只能有一个 Hive 客户端使用该目录下的元数据文件,这就意味着嵌入模式下的 Hive 不支持多会话连接,并且不同目录的元数据文件无法共享,因此不适合生产环境,只适合测试环境。

（2）本地模式。使用独立数据库(MySQL)存储元数据,Hive 客户端和 Metastore 服务在同一台服务器中启动,Hive 客户端通过连接本地的 Metastore 服务获取元数据信息。本地模式支持元数据共享,并且支持本地多会话连接。

（3）远程模式。与本地模式一样,都是使用独立数据库(MySQL)存储元数据,不同的是,Hive 客户端和 Metastore 服务在不同的服务器启动,Hive 客户端通过远程连接 Metastore 服务获取元数据信息。远程模式同样支持元数据共享,并且支持远程多会话连接。

6.3.1　嵌入模式

本节详细讲解如何在虚拟机 Node_01 中使用嵌入模式部署 Hive,具体操作步骤如下。

1. 下载 Hive 安装包

本项目使用的 Hive 版本为 3.1.2,可以访问 Apache 资源网站下载使用。

2. 上传 Hive 安装包

如图 6 – 33 所示。

图 6 – 33

3. 安装 Hive

通过解压缩的方式安装 Hive,将 Hive 安装到如图 6 – 34 所示的目录下。

图 6 – 34

首先回到 master,解压 tar – zxvf apache – hive – 3. 1. 2 – bin. tar. gz,重命名为 mv apache – hive – 3. 1. 2 – bin hive,如图 6 – 35 所示。

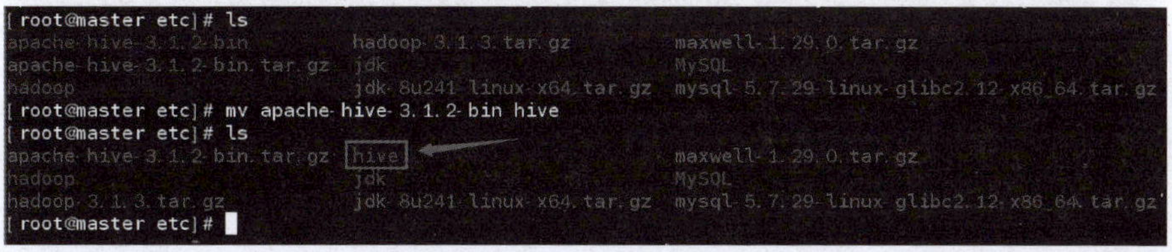

图 6 – 35

4. 初始化 Derby

在启动 Hive 之前,需要在 Hive 的安装目录下进行初始化 Derby 数据库的操作,具体命令如下。

```
bin/schematool – initSchema – dbType derby
```

执行上述命令,若出现 schemaTool completed 信息,则证明成功初始化 Derby 数据库。

5. 启动 Hive 客户端工具

在 Hive 安装目录下执行"bin/hive"命令启动 Hive 客户端工具 HiveCLI,可以执行"quit;"命令退出 Hive 客户端工具 HiveCLI,此时在 Hive 安装目录下会默认生成文件 derby、log 和文件夹 metastore_db。其中,文件 derby. log 用于记录 Derby 数据库日志信息;文件夹 metastore_db 存储 Derby 数据库元数据。

需要注意的是,内嵌模式下,Hive 默认会将数据存储在 HDFS 的/user/hive/warehouse 目录下,此目录会在创建表或数据库操作后自动创建。

6.3.2 本地模式

本地模式部署本质上是将 Hive 默认的元数据存储介质由内嵌的 Derby 数据库替换为独立数据库,即 MySQL 数据库。这样,无论在何种目录下,通过 Hive 客户端工具访问的元数据信息都是一致的,并且可以实现多个用户同时访问,从而实现元数据的共享。本节详细讲解如何使用本地模式部署 Hive。

本地模式部署 Hive 时,需要在一台虚拟机上同时安装 MySQL 和 Hive,这里以虚拟机 master 为例,详细讲解如何使用本地模式部署 Hive,具体操作步骤如下。

(1)安装 MySQL。

此步骤参照 6.2.1 节中 MySQL – 5.7.29 的安装。

(2)登录 MySQL。

MySQL 安装完成后,需要通过用户名和密码进行登录。

(3)上传 Hive 安装包,安装 Hive,参照 6.3.1 节。

(4)配置 Hive。

修改配置文件 vim /etc/profile,如图 6 – 36 所示。

图 6 – 36

执行下列指令:

```
source /etc/profile
Hive – – version
```

结果如图 6 – 37 所示。

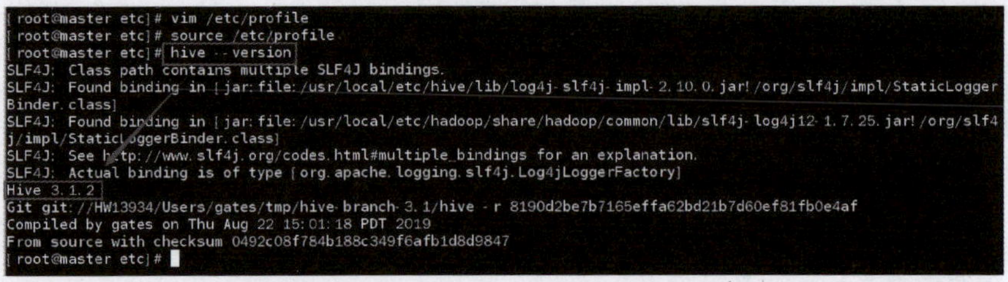

图 6 – 37

(5)查看 MySQL 运行状态。

```
netstat –tap | grep mysql
```

如果看到有"MySQL"的"socket"处于"LISTEN"状态,则表示安装成功,如图 6 – 38 所示。

图 6 – 38

(6)进入 MySQL,执行指令 mysql -uroot -p,如图 6-39 所示。

```
[root@master etc]# mysql -uroot -p
Enter password:
Welcome to the MySQL monitor.  Commands end with ; or \g.
Your MySQL connection id is 6
Server version: 5.7.29 MySQL Community Server (GPL)

Copyright (c) 2000, 2020, Oracle and/or its affiliates. All rights reserved.

Oracle is a registered trademark of Oracle Corporation and/or its
affiliates. Other names may be trademarks of their respective
owners.

Type 'help;' or '\h' for help. Type '\c' to clear the current input statement.

mysql>
```

图 6-39

(7)进入 MySQL 后,执行下列指令,如图 6-40 所示。

创建数据库实例“hiveDB”:

```
create database hiveDB;
```

创建用户 hive,密码为“123456”:

```
create user 'hive'@ '% ' identified by '123456';
```

授权用户“hive”拥有数据库实例“hiveDB”的所有权限:

```
grant all privileges on hiveDB. * to 'hive'@ '% ' identified by '123456';
```

刷新系统权限表:

```
flush privileges;
```

```
mysql> create database hiveDB;
Query OK, 1 row affected (0.17 sec)

mysql> create user 'bee'@'%' identified by '123123';
Query OK, 0 rows affected (0.61 sec)

mysql> grant all privileges on hiveDB.* to 'bee'@'%' identified by '123123';
Query OK, 0 rows affected, 1 warning (0.00 sec)

mysql> flush privileges;
Query OK, 0 rows affected (0.16 sec)

mysql>
```

图 6-40

(8)进入 Hive 安装目录下的 conf 目录,复制模板文件 hive-env.sh.template 并重命名为 hive-env.sh,文件 hive-env.sh 用于配置 Hive 运行环境,具体命令如下。

```
#进入 Hive 安装目录下的 conf 目录
cd /usr/local/etc/hive/conf
#将文件 hive-env.sh.template 进行复制并重命名为 hive-env.sh
cp  hive-env.sh.template  hive-env.sh
```

执行"vim hive-env.sh"命令编辑文件 hive-env.sh,在文件末尾添加如下内容。
#指定 Hadoop 目录

```
exportHADOOP_HOME = /usr/local/etc/hadoop
#指定 Hive 配置文件所在目录
exportHIVE_CONF_DIR = /usr/localetc/hive/conf
#指定 Hive 依赖包所在目录
export HIVE_AUX_JARS_PATH = /usr/local/etc/hive/lib
#指定 JDK 所在目录
export JAVA_HOME = /usr/local/etc/jdk
```

详细过程如下:

①在 /usr/local/etc/hive/conf 目录下修改 hive-site.xml 和 hive-env.sh 两个文件,如图 6-41 所示。

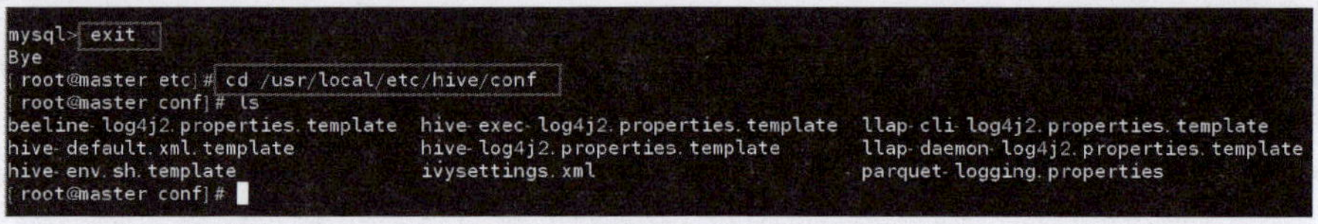

图 6-41

由于 Hive 是一个基于 Hadoop 分布式文件系统的数据仓库架构,主要运行在 Hadoop 分布式环境下,因此,需要在文件 hive-env.sh 中指定 Hadoop 相关配置文件的路径,用于 Hive 访问 HDFS(读取 fs.defaultFS 属性值)和 MapReduce(读取 mapreduce.jobhistory.address 属性值)等 Hadoop 相关组件。

如果目录下没有该文件,就以模板复制一个 cp hive-env.sh.template hive-env.sh。使用 vi hive-env.sh 打开文件,在文件末尾添加变量指向 Hadoop 的安装路径,如图 6-42、图 6-43 所示。

```
HADOOP_HOME = /usr/local/etc/hadoop
```

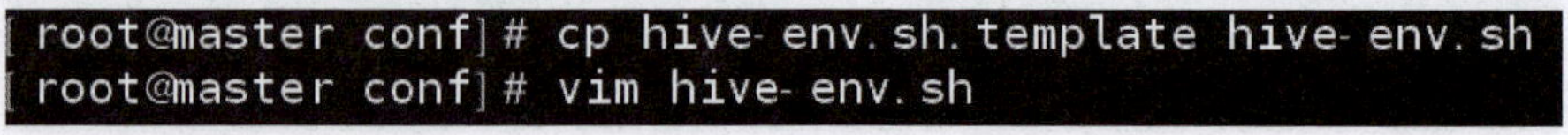

图 6-42

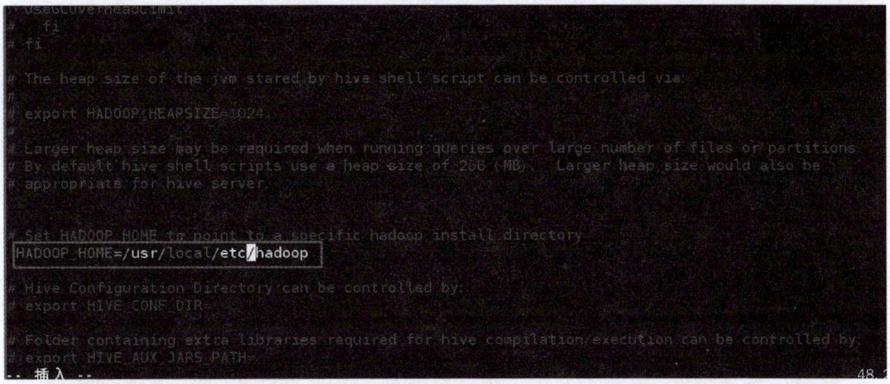
HADOOP_HOME=/usr/local/etc/hadoop

图 6－43

②删除 Hive 里的 guava. jar。

跳转到/usr/local/etc/hive/lib 目录 cd/usr/local/etc/hive/lib，删除 guava－19.0.jar，如图 6－44、图 6－45 所示。

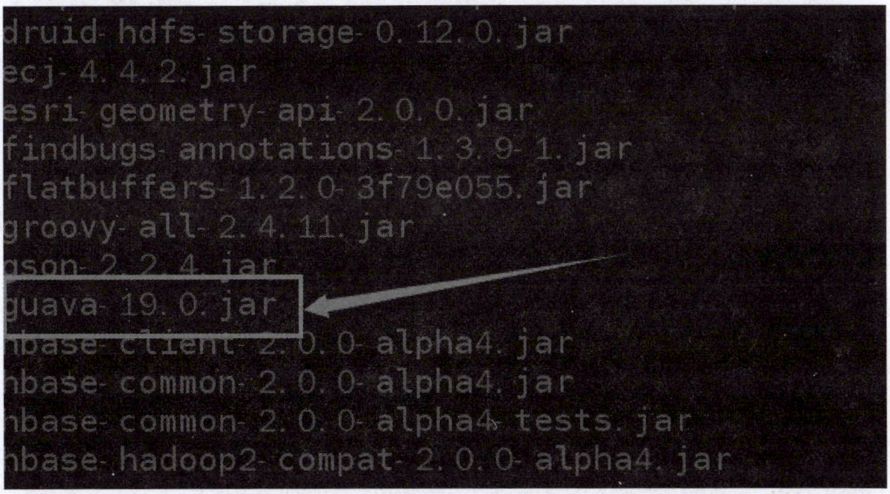
druid-hdfs-storage-0.12.0.jar
ecj-4.4.2.jar
esri-geometry-api-2.0.0.jar
findbugs-annotations-1.3.9-1.jar
flatbuffers-1.2.0-3f79e055.jar
groovy-all-2.4.11.jar
gson-2.2.4.jar
guava-19.0.jar
hbase-client-2.0.0-alpha4.jar
hbase-common-2.0.0-alpha4.jar
hbase-common-2.0.0-alpha4-tests.jar
hbase-hadoop2-compat-2.0.0-alpha4.jar

图 6－44

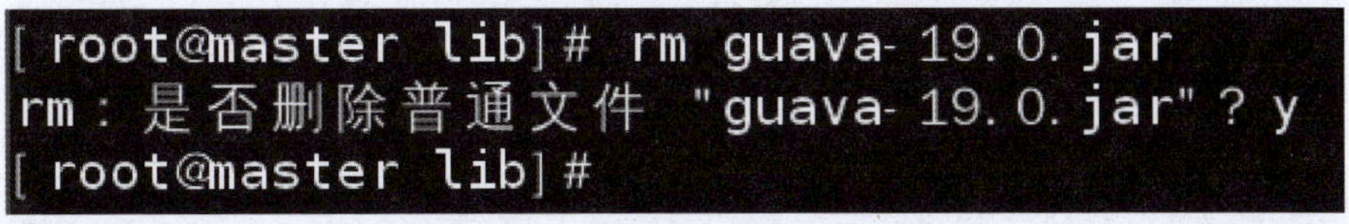
[root@master lib]# rm guava-19.0.jar
rm：是否删除普通文件 "guava-19.0.jar"？y
[root@master lib]#

图 6－45

③把 Hadoop 里的 lib 复制到 Hive 里。

先进入 Hadoop 的 lib，再用 cp 指令复制到 Hive（cp －r {要复制的文件} {指定复制过去的路径}）。

```
cd/usr/local/etc/hadoop/share/hadoop/common/lib
```

复制 guava – 27.0 – jre. jar 到/usr/local/etc/hive/lib,如图 6 – 46 所示。

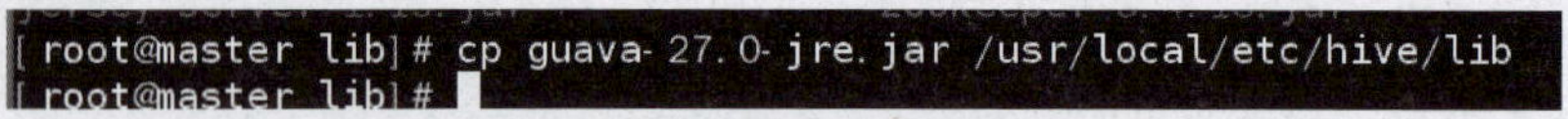

图 6 – 46

④启动 Hadoop。

使用 start – dfs. sh 命令启动,如图 6 – 47 所示。

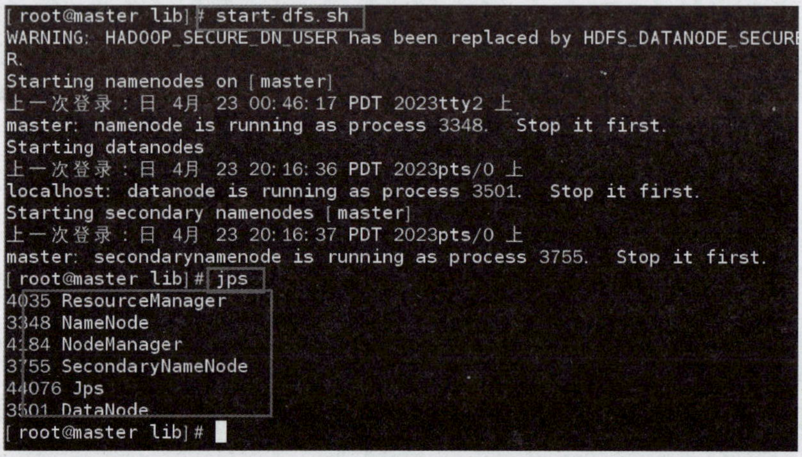

图 6 – 47

⑤进入 Hive 安装目录下的 conf 目录,创建文件 hive – site. xml 用于配置 Hive 相关参数,具体命令如下。

```
#进入 Hive 安装目录下的 conf 目录
cd/usr/local/etc/hive/conf
#创建文件 hive – site.xml
$ touch hive – site.xml
```

执行 hive – site. xml 命令编辑文件 hive – site. xml,添加如下内容。

```
<? xml version ="1.0" encoding ="UTF – 8"? >
<? xml – stylesheet type ="text/xsl" href ="configuration.xsl"? >
< configuration >

   < property >
     < name >hive. metastore. warehouse. dir < /name >
     < value > /usr/local/etc/hive/warehouse < /value >
   < /property >

   < property >
     < name >hive. exec. scratchdir < /name >
     < value > /usr/local/etc/hive/tmp < /value >
     < description/>
   < /property >
```

```xml
<property>
    <name>hive.querylog.location</name>
    <value>/usr/local/etc/hive/logs</value>
</property>

<property>
    <name>hive.server2.thrift.port</name>
    <value>10000</value>
</property>

<property>
    <name>hive.server2.thrift.bind.host</name>
    <value>master</value>
</property>

<property>
    <name>hive.server2.enable.doAs</name>
    <value>true</value>
</property>

<property>
    <name>hive.session.id</name>
    <value>false</value>
</property>

<property>
    <name>hive.session.silent</name>
    <value>false</value>
</property>

    <property>
        <name>javax.jdo.option.ConnectionURL</name>
        <value>jdbc:mysql://master:3306/hiveDB? createDatabaseIfNotExist = true</value>
    </property>

    <property>
        <name>javax.jdo.option.ConnectionDriverName</name>
        <value>com.mysql.jdbc.Driver</value>
    </property>

    <property>
        <name>javax.jdo.option.ConnectionUserName</name>
        <value>hive</value>
    </property>

    <property>
        <name>javax.jdo.option.ConnectionPassword</name>
        <value>123456</value>
```

```
</property>
    <property>
    <name>hive.server2.active.passive.ha.enable</name>
    <value>true</value>
    </property>
</configuration>
```

上述配置内容中的参数讲解如下。

- hive. metastore. warehouse. dir：配置 Hive 数据存储在 HDFS 上的目录。
- hive. exec. scratchdir：配置 Hive 在 HDFS 上的临时目录。
- hive. metastore. local：指定 Hive 开启本地模式。
- javax. jdo. option. ConnectionURL：配置 JDBC 连接地址。
- javax. jdo. option. ConnectionDriverName：配置 JDBC 驱动。
- javax. jdo. option. ConnectionUserName：配置连接 MySQL 的用户名。
- javax. jdo. option. ConnectionPassword：配置连接 MySQL 的密码。
- hive. cli. print. header：配置在命令行界面中显示表的列名。
- hive. cli. print. current. db：配置在命令行界面中显示当前数据库名称。在 Hive 的客户端，只有工具 HiveCLI 生效，工具 Beeline 无效。

（9）上传 JDBC 连接 MySQL 的驱动包。

进入 Hive 存放依赖的 lib 目录下，执行 rz 命令上传 JDBC 连接 MySQL 的驱动包 mysql – connector – java – 5. 1. 32. jaro。

（10）初始化 MySQL。

在启动 Hive 之前，需要执行 schematool – dbType mysql – initSchema 命令初始化 MySQL，若初始化完成后出现 schemaTool completed 信息，则说明成功初始化 MySQL，如图 6 – 48 所示。

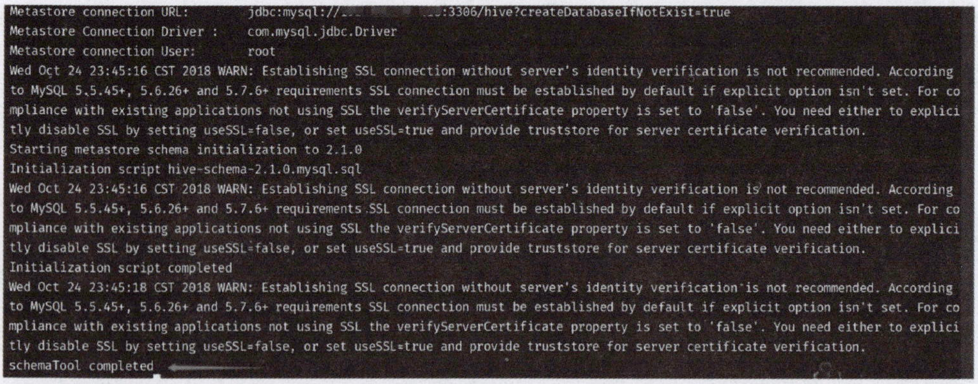

图 6 – 48

(11)运行 Hive,如图 6-49 所示。

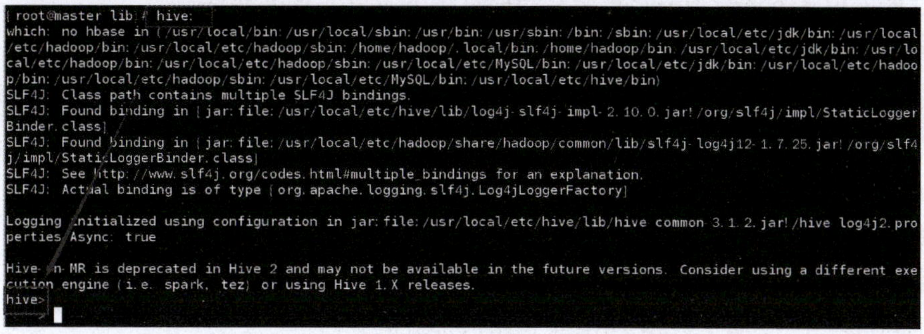

图 6-49

项目实践

结合本章内容,基于第 2 章的项目实践结果,在你的 CentOS 中安装 MySQL,并安装 Hive。

本章习题

一、填空题

1. 数据仓库的作用是构建面向_____的集成化数据环境。
2. Hive 是基于_____的数据仓库工具。
3. 数据仓库分为 3 层,即_____、_____和数据仓库层。
4. 数据仓库层可以细分为_____、_____和业务层。
5. 在数据仓库建设中,一般会围绕着_____和雪花状模型来设计数据模型。
6. 克隆虚拟机时,与原始虚拟机不共享任何资源的克隆方式是_____克隆。
7. 网卡设置为静态路由协议后,需要添加参数 DNS1、_____、_____和_____。
8. 密钥文件 id_rsa 和 idrsa. pub 分别是_____文件和_____文件。
9. CentOS7 初始化系统环境的命令是_____。
10. 规划 ZooKeeper 集群中服务器数量的公式为_____。

二、判断题

1. 数据仓库是以业务流程来划分应用程序和数据库的。　　　　　　　　　(　　)
2. 数据仓库中的数据一般很少更新。　　　　　　　　　　　　　　　　(　　)
3. 数据仓库模型中,星状模型和雪花状模型都属于维度建模。　　　　　　(　　)
4. Hive 可以将非结构化的数据文件映射为一张数据表。　　　　　　　　(　　)
5. 从 Hive 0. 14 开始支持事务。　　　　　　　　　　　　　　　　　　(　　)
6. ZooKeeper 集群可以存在多个 Follower 和 Leader。　　　　　　　　　(　　)
7. 2888 表示 Leader 选举过程中的投票通信端口。　　　　　　　　　　(　　)

8. Hadoop 的高可用集群需要两个 NameNode 和两个 ResourceManager。 （ ）

9. 在嵌入模式下运行 Hive 时，会在当前目录下生成元数据文件。 （ ）

10. 在启动 HiveServer2 服务的同时，也会默认启动 Metastore 服务。 （ ）

三、选择题

1. 下列选项中，属于数据仓库特点的是( )。

A. 面向对象的   B. 时效的

C. 数据集成的   D. 面向数据的

2. 下列选项中，不属于数据 Hive 架构组成部分的是( )。

A. Compiler   B. Optimizer

C. Thrift Server   D. HiveServer2

3. 下列选项中，对于 Hive 的工作原理，说法错误的是( )。

A. Driver 向 Metastore 获取需要的元数据信息

B. Driver 向 Compiler 发送获取计划的请求

C. Driver 向 Execution Engine 提交执行计划

D. Execution Engine 负责与 HDFS 及 MapReduce 的通信

4. 下列选项中，不属于 Hive 支持的集合数据类型的是( )。

A. ARRAY   B. MAP   C. LIST   D. STRUCT

5. 下列选项中，正确启动 ZooKeeper 服务的命令是( )。

A. startzkServer. sh   B. startzookeeper

C. zkServer. shstart   D. startzookeeper. sh

6. 下列选项中，不属于 Hadoop 高可用集群进程的是( )。

A. DFZKFailoverController   B. JournalNode

C. QuorumpeerMain   D. Master

7. 下列选项中，关于部署 Hive 的说法，正确的是( )。

A. 本地模式部署的 Hive 不支持元数据共享

B. 远程模式部署的 Hive 支持元数据共享

C. HiveServer2 不支持多客户端连接

D. Hive 客户端工具 Beeline 可以远程连接单独启动的 Metastore 服务

第 7 章

Hive的数据定义语言

引言

本章学习目标：

• 掌握数据库的基本操作，能够灵活使用 HiveQL 语句对 Hive 中的数据库进行创建、查询、显示信息、切换、修改以及删除的操作。

• 了解 CREATE TABLE 句式语法，能够描述 CREATE TABLE 句式中不同子句的作用。

• 掌握数据表的基本操作，能够灵活使用 HiveQL 语句对 Hive 中的数据表进行创建、查看、修改和删除操作。

• 掌握分区表的基本操作，能够灵活使用 HiveQL 语句对 Hive 中的分区表进行创建、查询、添加、重命名、移动和删除操作。

• 掌握分桶表的基本操作，能够灵活使用 HiveQL 语句对 Hive 中的分桶表进行创建和查看信息操作。

• 掌握临时表的基本操作，能够灵活使用 HiveQL 语句在 Hive 中创建临时表。

• 掌握视图的基本操作，能够灵活使用 HiveQL 语句对 Hive 中的视图进行创建、查看、修改以及删除操作。

• 了解索引的原理，能够描述 Hive 中索引的作用与优势。

• 掌握索引的基本操作，能够灵活使用 HiveQL 语句对 Hive 数据表中的索引进行创建、查看、重建和删除操作。

Hive 提供了用于定义数据表结构和数据库对象的语言，称为数据定义语言（简称 DDL）。接下来，本章针对 Hive 的数据定义语言进行详细讲解。

7.1 数据库的基本操作

7.1.1 创建数据库

Hive 中创建数据库的语法格式如下。

```
CREATE (DATABASE |SCHEMA) [IF NOT EXISTS] database_name
[COMMENT database_comment]
[LOCATION hdfs_path]
[WITH DBPROPERTIES (property_name = property_value, …)];
```

上述语法的具体讲解如下。

- **CREATE（DATABASE ｜ SCHEMA）**：表示创建数据库的语句,其中,DATABASE 和 SCHEMA 含义相同,可以切换使用。
- **IF NOT EXISTS**：可选,用于判断创建的数据库是否已经存在,若不存在,则创建数据库,反之,不创建数据库。
- **database_name**：表示创建的数据库名称。
- **COMMENT database_comment**：可选,表示数据库的相关描述。
- **LOCATION hdfs_path**：可选,用于指定数据库在 HDFS 上的存储位置,默认存储位置取决于 Hive 配置文件 hive – site. xml 中参数 hive. metastore. warehouse. dir 指定的存储位置。
- **WITH DBPROPERTIES（property_name = property_value, …）**：可选,用于设置数据库属性。其中,property_name 表示属性名称,该名称可以自定义;property value 表示属性值,该值可以自定义。

接下来,在 Hive 客户端工具中创建数据库 itcast,并指定数据库文件存放在 HDFS 的/hive_db/create_db/目录中,具体命令如下。

```
CREATE DATABASE IF NOT EXISTS itcast
COMMENT "This is itcast database"
LOCATION '/hive_db/create_db/'
WITH DBPROPERTIES("creator" = "itcast","date" = "2020 - 08 - 08");
```

上述命令中,添加了数据库描述和数据库属性,其中,数据库描述为 This is itcast database;数据库属性为 creator 和 date,这两个属性对应的值分别是 itcast 和 2020 – 08 – 08。

7.1.2 查询数据库

Hive 中查询数据库的语法格式如下。

```
SHOW (DATABASES |SCHEMAS) [LIKE 'identifier_with_wildcards'];
```

上述语法的具体讲解如下。

- **SHOW（DATABASES ｜ SCHEMAS）**：表示查询数据库的语句。其中,DATABASES 和 SCHEMAS 含义相同,可以切换使用。
- **LIKE ′identifier _ with _ wildcards′**：可选, LIKE 子句用于模糊查询, identifier _ with _ wildcards 用于指定查询条件。

接下来查询 Hive 中所有数据库,具体命令如下。

```
SHOW DATABASES;
```

如果要查询 Hive 中数据库名称的首字母是 i 的数据库，具体命令如下。

```
SHOW DATABASES LIKE 'i *';
```

7.1.3　查看数据库信息

Hive 中查看数据库信息的语法格式如下。

```
DESCRIBE |DESC (DATABASES | SCHEMAS) [EXTENDED] db_name;
```

上述语法的具体讲解如下。

● DESCRIBE | DESC（DATABASES | SCHEMAS）：表示查询数据库信息的语句。其中，DESCRIBE 和 DESC 含义相同，可以切换使用。

● EXTENDED：可选，在查询数据库的信息中显示属性。

● db_name：用于指定查询的数据库名称。

接下来查看 Hive 中数据库 itcast 的信息，具体命令如下。

```
DESC DATABASE EXTENDED itcast;
```

7.1.4　切换数据库

使用 Hive 客户端操作 Hive 时，默认打开的数据库是 default。如果使用已创建的其他数据库，则需要手动切换。Hive 中切换数据库的语法格式如下。

```
USE db_name;
```

上述语法的具体讲解如下。

● USE：表示切换数据库的语句。

● db_name：用于指定要切换的数据库名称。

例如，将当前使用的数据库切换至数据库 itcast，具体命令如下。

```
USE itcast;
```

上述命令在 Hive 客户端工具执行后，使用 SELECT 语句查看当前使用的数据库。需要注意的是，在使用 Hive 客户端工具操作 Hive 时，一定要确认当前使用的数据库是否正确，避免将数据存储在错误的数据库中。

7.1.5　修改数据库

在 Hive 中可以修改数据库信息中的属性和所有者，修改数据库信息的语法格式如下。

```
/*修改数据库属性*/
ALTER（DATABASE｜SCHEMA）database_name SET DBPROPERTIES（property_name =
property_value,…）;
/*修改数据库所有者*/
ALTER（DATABASE｜SCHEMA）database_name SET OWNER［USER｜ROLE］user_or_role;
```

上述语法的具体讲解如下。

- ALTER（DATABASE｜SCHEMA）：表示修改数据库信息的语句，其中，DATABASE 和 SCHEMA 含义相同，可以切换使用。

- database_name：指定数据库名称。

- SET DBPROPERTIES（property_name = property_value,…）：指定修改数据库信息中的属性，在修改数据库信息的属性时，若属性已经存在，则覆盖之前的属性值，反之，添加该属性。

- SET OWNER［USER｜ROLE］user_or_role：指定修改数据库信息中的所有者。

接下来修改数据库 itcast 中的属性，具体命令如下。

```
ALTER DATABASE itcast SET DBPROPERTIES（"date" = "2020 - 08 -18", "locale" =
"beijing"）;
```

在 Hive 客户端工具 Beeline 中执行上述命令后，使用 DESCRIBE 查看修改后数据库 itcast 的信息。

7.1.6　删除数据库

Hive 中删除数据库的语法格式如下。

```
DROP(DATABASE｜SCHEMA)[IF EXISTS] database_name [RESTRICT｜CASCADE];
```

上述语法的具体讲解如下。

- DROP（DATABASE｜SCHEMA）：表示删除数据库的语句。其中，DATABASE 和 SCHEMA 含义相同，可以切换使用。

- IF EXISTS：可选，用于判断数据库是否存在。

- database_name：用于指定数据库名称。

- ［RESTRICT｜CASCADE］：可选，表示数据库中存在表时是否可以删除数据库。默认值为 RESTRICT，表示如果数据库中存在表，则无法删除数据库。若使用 CASCADE，表示即使数据库中存在表，仍然会删除数据库并删除数据库中的表，因此需要谨慎使用 CASCADE。

接下来删除数据库 itcast，具体命令如下。

```
DROP DATABASE IF EXISTS itcast;
```

上述命令在 Hive 客户端工具 Beeline 执行后，查询 Hive 中所有数据库。

7.2　数据表的基本操作

7.2.1　CREATE TABLE 句式分析

Hive 中使用 CREATE TABLE 句式创建数据表,CREATE TABLE 句式的语法格式如下。

```
CREATE [TEMPORARY] [EXTERNAL] TABLE [IF NOT EXISTS] [db_name.]table_name
[(col_name data_type [COMMENT col_comment], …[constraint_specification])]
[COMMENT table_comment]
[PARTITIONED BY (col_name data_type [COMMENT col_comment],…)]
[CLUSTERED BY (col_name, col_name, …) [SORTED BY (col_name [ASC |DESC],…)]
INTO num_buckets BUCKETS]
[SKEWED BY (col_name, col_name,…)]
ON ((col_value, col_value,…), (col_value, col_value, …),…)
[STORED AS DIRECTORIES]
[
[ROW FORMAT row_format]
[STORED AS file_format]
| STORED BY T storage.handler.class.name 1 [WITH SERDEPROPERTIES(…)]
]
[LOCATION hdfs_path]
[TBLPROPERTIES (property_name = property_value,…)]
[AS select_statement];
```

上述语法的具体讲解如下。

- TEMPORARY:可选,用于指定创建的表为临时表。

- EXTERNAL:可选,用于指定创建的表为外部表,若不指定,则默认创建内部表。

- IF NOT EXISTS:可选,用于判断创建的表是否存在。

- db_name:可选,用于指定创建表时存放的数据库,若不指定,则默认在当前数据库创建。

- table_name:指定表名称。

- col_name:指定表中的子段名称,若创建的数据表是空表,则 col_name 为可选。

- data_type:指定字段类型,若创建的数据表是空表,则 data_type 为可选。

- COMMENT col_comment:可选,指定字段描述。

- constraint_specification:可选,指定字段约束,支持 Hive 3.0 及以上版本。

- COMMENT table_comment:可选,指定字段描述。

- PARTITIONED BY (col_name data_type [COMMENT col_comment]:可选,用于创建分区表,指定分区名(col_name)、分区类型(data_type)和分区描述(col_comment)。

- [CLUSTERED BY (col_name, col_name, …) [SORTED BY (col_name [ASC| DESC],…)] INTO num_buckets BUCKETS]:可选,用于创建分桶表,指定分桶的字段(col_name)、根据指定字段对桶内的数据进行升序(ASC,默认)或降序(DESC)排序以及指定桶的数量(num_buckets)。

- ［SKEWED BY（col_name,col_name,…）］ ON（(col_value, col_value,…)，(col_value, col_value,…)，…)［STORED AS DIRECTORIES］:可选,用于创建倾斜表来解决 Hive 中数据倾斜问题。其中,SKEWED BY col_name 指定出现数据倾斜的字段,ON col value 指定数据倾斜字段中数据倾斜的值,STORED AS DIRECTORIES 将数据倾斜字段中出现频繁的值拆分成文件夹,若不指定,则拆分成文件。
- ROW FORMAT row_format:可选,用于序列化行对象。
- STORED AS file_format:可选,用于创建表时指定 Hive 表的文件存储格式。
- LOCATION hdfs_path:可选,用于指定 Hive 表在 HDFS 中的存储位置。
- TBLPROPERTIES（property name = property_value,… ）:可选,用于指定表属性。
- AS select_statement:可选,用于在创建表的同时将查询结果插入表中,

通过对上述创建数据库表 CREATE TABLE 句式的学习,读者对在 Hive 中创建数据库表的方式有了初步认识,本章后续的内容会详细讲解 CREATE TABLE 句式的实际应用。

1. Serde

Serde 是 Serializer and Deserializer(序列化和反序列化) 的简称,Hive 通过 Serde 处理 Hive 数据表中每一行数据的读取和写入。例如,查询 Hive 数据表数据时,HDFS 中存放的数据表数据会通过 Serializer 序列化为字节流,便于数据传输;向 Hive 数据表插入数据时,会通过 Deserializer 将数据反序列化成 Hive 数据表的每一行值,方便将数据加载到数据表中,不需要对数据进行转换。

Hive 中的 Serde 分为自定义 Serde 和内置 Serde。使用自定义 Serde 时,需要在 CREATE TABLE 句式中指定 ROW FORMAT 子句的 row_format 值为 Serde,并根据 Serde 类型指定实现类;内置 Serde 需要在 CREATE TABLE 句式中指定 ROW FORMAT 子句的 row_format 值为 DELIMITED。Hive 中常用的自定义 Serde 和内置 Serde 分别见表 7 - 1 和表 7 - 2。

表 7 - 1

自定义 Serde	介绍
ROW FORMAT SERDE 'org. apache,hadoop. hive. serde2. RegexSerDe' WITH SERDEPROPERTIES (" input, regex" = "regex") STORED AS TEXTFILE;	使用正则表达式序列化/反序列化数据表的每一行数据,其中,regex 用于指定正则表达式
ROW FORMAT SERDE 'org. apache,hive,hcatalog. data. JsonSerDe' STORED AS TEXTFILE	使用 JSON 格式序列化/反序列化数据表的每一行数据

续表

自定义 Serde	介绍
CREATE TABLE my_table(a string, b string, …) ROW FORMAT SERDE 'org. apache, hadoop. hive. serde2. OpenCSV Serde' WITH SERDEPROPERTIES (" separatorChar" = " \t" , " quoteChar" = " ' " " escapeChar" = " \\") STORED AS TEXTFILE;	使用 CSV 格式序列化/反序列化数据表的每一行数据。其中,separatorChar 用于指定 CSV 文件的分隔符;quoteChar 用于指定 CSV 文件的应用符;escapeChar 用于指定 CSV 文件的转义符

表 7－2

内置 Serde	介绍
FIELDS TERMINATED BY char [ESCAPED BY char]	FIELDS TERMINATED 指定字段分隔符;ESCAPED 指定转义符,避免数据中存在与字段分隔符一样的字符,造成混淆
COLLECTION ITEMS TERMINATED BY char	指定集合中元素的分隔符,集合包含数据类型为 MAP、ARRAY 和 STRUCT
MAP KYS TERMINATED BY char	指定 MAP 中 Key 和 Value 的分隔符
LINES TERMINATED BY char	指定行分隔符
NULL DEFINED AS char	自定义空值格式,默认为"\N"

2. 表属性

　　通过 CREATE TABLE 句式创建数据表时,可以使用 TBLPROPERTIES 子句指定表属性。Hive 表属性分为自定义属性和预定义属性,其中,使用自定义属性时,用户可以自定义属性名称(property_name)和属性值(property_value),用于为创建的数据表指定自定义标签,例如,指定创建表的作者、创建表的时间等;使用预定义属性时,需要根据 Hive 规定的属性名称和属性值使用,用于为创建的数据表指定相关配置。有关 Hive 预定义属性见表 7－3。

表 7－3

属性	值	描述
comment	table_comment	表描述
hbase. table. name	table_name	集成 HBase
immutable	true 或 false	防止意外更新,若为 true,则无法通过 insert 实现数据的更新和插入

续表

属性	值	描述
orc. compress	ZLIB 或 SNAPPY 或 NONE	指定 ORC 压缩方式
transactional	true 或 false	指定表是否支持 ACID(更新、插入、删除)
NO_AUTO_COMP ACTION	true 或 false	表事务属性,指定表是否支持自动紧缩
compactor. mapreduce. map. memory. mb	mapper_memory	表事务属性,指定紧缩 map(内存/MB)作业的属性
compactorthreshold. hive. compactor. delta. num. threshold	threshold_num	表事务属性,如果有超过 threshold_num 个增量目录,则触发轻度紧缩
compactorthreshold. hive. compactor. delta. pct. threshold	threshold_pct	表事务属性,如果增量文件的大小与基础文件的大小比率大于 threshold_pct(区间为 0 ~ 1),则触发深度紧缩
auto. purge	true 或 false	若为 true,则删除或者覆盖的数据会不经过回收站而直接被删除
EXTERNAL	true 或 false	内部表和外部表的转换

7.2.2 数据表简介

数据表是 Hive 存储数据的基本单位,Hive 数据表主要分为内部表(又叫托管表)和外部表,以内部表和外部表为基础可以创建分区表或分桶表,即内/外部分区表或内/外部分桶表。接下来针对内部表和外部表进行详细讲解。

默认情况下,内部表和外部表的数据都存储在 Hive 配置文件中参数 hive. metastore、warehouse. dir 指定的路径。它们的区别在于删除内部表时,内部表的元数据和数据会一同删除;而删除外部表时,只删除外部表的元数据,不会删除数据。外部表相对来说更加安全,数据组织更加灵活,并且方便共享源数据文件。

7.2.3 创建数据表

在虚拟机 Node_03 中使用 Hive 客户端工具远程连接虚拟机 Node_02 的 HiveServer2 服务操作 Hive。在 Hive 中创建一个数据库 hive_database,并在该数据库中通过 CREATE TABLE 句式创建内部表 managed_table 和外部表 external_table。

（1）创建内部表 managed_table 的命令如下。

```
CREATE TABLE IF NOT EXISTS
hive_database.managed_table(
staff_id INT COMMENT "This is staffid",
staff_name STRING COMMENT "This is staffname",
salary FLOAT COMMENT "This is staff salary",
hobby ARRAY < STRING >COMMENT "This is staff hobby",
deductions MAP < STRING,FLOAT > COMMENT "This is staff deduction",
address STRUCT < street:STRING, city:STRING > COMMENT "This is staff address" )
ROW FORMAT DELIMITED
FIELDS TERMINATED BY ',',
COLLECTION ITEMS TERMINATED BY "_"
MAP KEYS TERMINATED BY ':'
LINES TERMINATED BY '\n'
STORED AS textfile
TBLPROPERTIES ("comment" = "This is a managed table");
```

上述命令中,指定 ROW FORMAT DELIMITED 子句使用 Hive 内置的 Serde,自定义字段（FIELDS）分隔符为“,”;自定义集合元素（COLLECTION ITEMS）的分隔符为“_”;自定义 MAP（MAP KEYS）的键值对分隔符为“:”;自定义行（LINES）分隔符为“\n”。

（2）创建外部表 external_table 的命令如下。

```
CREATE EXTERNAL TABLE IF NOT EXISTS
hive_database.external_table
staff_id INT COMMENT "This is staffid",
staff_name STRING COMMENT  "This is staffname",
salary FLOAT COMMENT "This is staff salary",
hobby ARRAY < STRING > COMMENT "This is staff hobby",
deductions MAP < STRING, FLOAT > COMMENT "This is staff deduction",
address STRUCT < street:STRING, city: STRING > COMMENT "This is staff address")
ROW FORMAT DELIMITED
FIELDS TERMINATED BY ','
COLLECTION ITEMS TERMINATED BY "_"
MAP KEYS TERMINATED BY ':'
LINES TERMINATED BY '\n'
STORED AS textfile
LOCATION  '/user/hive_external/external_table/'
TBLPROPERTIES ("comment" = "This is a external table");
```

上述命令中,通过在 CREATE TABLE 句式中指定 EXTERNAL 子句创建外部表。创建外部表时,通常配合 LOCATION 子句指定数据的存储位置,便于数据的维护与管理。

7.2.4　查看数据表

Hive 提供了查看当前数据库的所有数据表以及查看指定数据表结构信息的语句,具体语法格式如下。

```
/* 显示出当前数据库的所有数据表 */;
SHOW TABLES [LIKE 'identifier_with_wildcards'];
/* 查看指定数据表结构信息 */
DESCRIBE |DESC [FORMATTED] table_name;
```

上述语法的具体讲解如下。

- SHOW TABLES：查看当前数据库的所有数据表。
- LIKE 'identifier_with_wildcards'：可选，LIKE 子句用于模糊查询，identifier_with_wildcards 用于指定查询条件。
- DESCRIBE|DESC：查询指定数据表基本结构信息。其中，DESCRIBE 和 DESC 含义相同，可以切换使用。
- FORMATTED：可选，表示查询指定数据表详细结构信息。

接下来，在虚拟机 Node_03 中通过使用 Hive 客户端工具 Beeline 远程连接虚拟机 Node_02 的 HiveServer2 服务来操作 Hive，讲解查看数据表语法的实际应用。

（1）切换到数据库 hive_database，具体命令如下。

```
USE hive_database;
```

（2）查看数据库 hive_database 的所有数据表，具体命令如下。

```
SHOW TABLES;
```

（3）通过模糊查询查看数据库 hive_database 中数据表名称首字母为 m 的数据表，具体命令如下。

```
SHOW TABLES LIKE 'm*';
```

（4）查看数据库 hive_database 中内部表 managed_table 表结构的基本信息，具体命令如下。

```
DESC managed_table;
```

（5）查看数据库 hive_database 中外部表 external_table 表结构的详细信息，具体命令如下。

```
DESC FORMATTED external_table;
```

7.2.5 修改数据表

使用 ALTER TABLE 语句修改数据表结构信息。该语句只是修改数据表的元数据信息，数据表中的数据不会随之发生变化。下面介绍几种修改数据表结构信息的方法。

1. 重命名数据表

重命名数据表是指修改数据表的名称，语法格式如下。

```
ALTER TABLE table_name RENAME TO new_table_name;
```

上述语法的具体讲解如下。

- ALTER TABLE:修改数据表结构信息的语句。
- RENAME TO:用于数据表的重命名操作。
- table_name:指定需要重命名的数据表名称。
- new_table_name:指定重命名后的数据表名称。

2. 修改数据表的属性

修改数据表属性的语法格式如下。

```
ALTER TABLE table _name SET TBLPROPERTIES ( property _name = property _value,
property_name = property_value,…);
```

上述语法的具体讲解如下。

- ALTER TABLE:修改数据表结构信息的语句。
- SET TBLPROPERTIES:修改数据表属性的操作。
- table_name:指定需要修改属性的数据表名称。
- property_name = property_value:指定修改的属性(property_name)和属性值(property_value)。

3. 修改数据表列

修改数据表列是指修改数据表中列的名称、描述、数据类型或者列的位置,语法格式如下。

```
ALTER TABLE table_name CHANGE [COLUMN] col_old_name col_new_name column_type
[COMMENT col_comment][FIRST |AFTER column_name];
```

上述语法的具体讲解如下。

- ALTER TABLE:表示修改数据表结构信息的语句;
- CHANGE [COLUMN]:用于修改数据表列的操作,其中,COLUMN 为可选。
- table_name:指定需要修改列的数据表名称。
- col_old_name:指定需要修改的列名。
- col_new_name:指定修改后的新列名。
- column_type:指定列修改后的字段类型。需要注意的是,指定列修改后的字段类型与原始字段类型之间需要符合 Hive 的强制类型转换规则。
- COMMENT col_comment:可选,修改列的描述。
- FIRST| AFTER column_name:可选,指定列修改后的位置。FIRST 表示在第一列,AFTER 表示在 column_name 之后。其中,column_name 表示已经存在的列。需要注意的是,如果表中每个列的数据类型不一致,则无法使用该功能。

接下来,在虚拟机 Node_03 上通过远程连接虚拟机 Node_02 的 HiveServer2 服务来操作 Hive,讲解修改数据表列语法的实际应用。具体操作步骤如下。

(1)为了便于演示修改列位置及列类型的操作,这里在数据库 hive_database 中创建数据表 alter_managed_table,该表中所有列的数据类型一致,具体命令如下。

```
CREATE TABLE IF NOT EXISTS alter_managed_table (
id STRING,
sex STRING,
name STRING);
```

（2）修改数据库 hive_database 中数据表 alter_managed_table 的列 sex。首先重命名列 sex 为 gender，然后移动列 gender 的位置到列 name 的后边，最后修改列 gender 的描述为"This is gender"，具体命令如下。

```
ALTER TABLE alter_managed_table CHANGE sex gender STRING COMMENT "This is gender"
AFTER name;
```

（3）修改数据库 hive_database 中内部表 alter_managed_table 的列 gender，将列的数据类型由 STRING 修改为 VARCHAR(30)，具体命令如下。

```
ALTER TABLE alter_managed_table CHANGE gender gender VARCHAR(30);
```

（4）执行"DESC alter_managed_table;"命令，查看数据库 hive_database 中数据表 alter_managed_table 表结构的基本信息，数据表 alter_managed_table 的列 sex 重命名为 gender，数据类型由 string 修改为 varchar(30)，位置由列 name 之前移动到了列 name 之后，由无描述修改描述为"This is gender"。

4. 添加数据表列

添加数据表列会在数据表的尾部添加指定列，语法格式如下。

```
ALTER TABLE table_name ADD COLUMNS (col_name data_type [COMMENT col_comment],…);
```

上述语法的具体讲解如下。

- ALTER TABLE：修改数据表结构信息的语句。
- ADD COLUMNS：用于向数据表中添加列。
- table_name：指定需要添加列的数据表名称。
- col_name：指定需要添加的列名。
- data_type：指定需要添加列的数据类型。
- COMMENT col_comment：指定需要添加列的描述。

接下来，在虚拟机 Node_03 上通过远程连接虚拟机 Node_02 的 HiveServer2 服务来操作 Hive，在数据表 alter_managed_table 中添加列，具体命令如下。

```
ALTER TABLE alter_managed_table ADD COLUMNS (age INT COMMENT "This is age", phone
STRING COMMENT "This is phone");
```

上述命令中，在数据表 alter_managed_table 中添加列 age，指定列 age 的数据类型为 INT 并指定列描述为"This is age"；在数据表 alter_managed_table 中添加列 phone，指定列 phone 的数据类型为 STRING 并指定列描述为"This is phone"。

上述命令执行完成后，在 Hive 客户端工具 Beeline 中执行"DESC alter_managed, table;"命令，查看数据库 hive_database 中数据表 alter_managed_table 表结构的基本信息，内部表 alter_managed_table 由原始的 3 列增加为 5 列，新增的 2 列分别是列 age 和列 phone。

5. 替换数据表列

替换数据表列是指替换当前数据表中的所有列，语法格式如下。

```
ALTER TABLE table_name REPLACE COLUMNS (col_name data_type [COMMENT col_comment],…);
```

上述语法的具体讲解如下。
- ALTER TABLE：修改数据表结构信息的语句。
- REPLACE COLUMNS：用于替换数据表中已存在的所有列。
- table_name：指定需要替换列的数据表名称。
- col_name：指定替换列的列名。
- data_type：指定替换列的数据类型。
- COMMENT col_comment：指定替换列的描述。

接下来，在虚拟机 Node_03 上通过远程连接虚拟机 Node_02 的 HiveServer2 服务来操作 Hive，替换数据表 alter_managed_table 的列，具体命令如下。

```
ALTER TABLE alter_managed_table REPLACE COLUMNS (username STRING COMMENT "This is username", password STRING COMMENT "This is password");
```

上述命令中，将数据表 alter_managed_table 中的所有列替换为列 username 和列 password。

上述命令执行完成后，执行"DESC alter_managed_table;"命令，查看数据库 hive_database 中数据表 alter_managed_table 表结构的基本信息，数据表 alter_managed_table 中只包含两列，即列 username 和列 password。

7.2.6　删除数据表

删除数据表的语法格式如下。

```
DROP TABLE [IF EXISTS] table_name [PURGE];
```

上述语法的具体讲解如下。
- DROP TABLE：删除数据表的语句。
- IF EXISTS：可选，用于判断要删除的数据表是否存在。
- table_name：要删除的数据表名称。
- PURGE：可选，当删除内部表时，若使用 PURGE，则内部表的数据不会放入回收站，后续无法通过回收站恢复内部表的数据；反之，内部表的数据会放入回收站，这里所说的恢复数据不包含元数据，元数据删除后无法恢复。

在虚拟机 Node_03 上通过远程连接虚拟机 Node_02 的 HiveServer2 服务来操作 Hive，删除数据库 hive_database 的数据表 alter_managed_table,具体命令如下。

```
DROP TABLE IF EXISTS alter_managed_table PURGE;
```

上述命令中,通过 PURGE 子句指定数据表 alter_managed_table 删除后的数据不放入回收站。

上述命令执行完成后,执行"SHOW TABLES;"命令,查看数据库 hive_database 中的所有数据表,数据库 hive_database 中只有数据表 external_table 和 managed_table_new,说明数据表 alter_managed_table 成功从数据库 hive_database 中删除了。

HDFS 的 Trash 可以将 HDFS 中删除的文件放入回收站目录(默认回收站目录为/user/root/.Trash/Current,其中,回收站目录中的 root 会根据当前操作 HDFS 的用户名而变化),防止用户意外删除文件,出现无法找回的情况。Hive 内部表的数据存放在 HDFS 中,并且删除内部表时,数据也会一同被删除,所以,为了防止用户意外删除 Hive 内部表造成数据丢失的情况,在删除内部表的语句中不要指定 PURGE,这样可以将删除的内部表数据放入回收站目录,后续复制回收站目录中删除的内部表数据即可。

HDFS 默认情况下并没有开启 Trash 功能,需要在 Hadoop 的配置文件 core – site.xml 的 <configuration/> 标签中添加如下配置内容。

```
< property >
< name > fs.trash. interval < /name >
< value >1440 < /value >
< /property >
< property >
< name >fs.trash. checkpoint. interval < /name >
< value > 60 < /value >
< /property >
```

上述配置内容中,参数 fs. trash. interval 表示回收站目录中文件保存的时间,该参数的默认值为 0(分钟),也就是不保存,这里指定参数值为 1440,也就是被删除的文件会在回收站目录中保存一天;参数 fs. trash. checkpoint. interval 表示 NameNode 检查回收站目录间隔的时长,这里指定参数值为 60,也就是 NameNode 每间隔一小时检查一次回收站目录,永久删除回收站目录中存放时长超过一天的文件。

在 3 台虚拟机 Node_01、Node_02 和 Node_03 的 Hadoop 配置文件 core – site.xml 中分别添加上述内容,添加完成后,需要重新启动 Hadoop 集群使配置内容生效。

7.3　分区表

随着系统运行时间的增加,表的数据量会越来越大,而 Hive 查询数据通常是使用全表扫描,这会导致对大量不必要数据的扫描,从而降低查询效率。为了解决这一问题,Hive 引进了分区技术,分区主要是将表的整体数据根据业务需求划分成多个子目录进行存储,每个子目录对应一个分区。通过扫描分区表中指定分区的数据,避免 Hive 全表扫描,从而提升 Hive 查询数据的效率。本节针对 Hive 的分区表进行详细讲解。

7.3.1　创建分区表

　　由于分区表是基于内/外部表创建,所以分区表的创建方式和创建数据表的方式类似。接下来,在虚拟机 Node_03 上通过远程连接虚拟机 Node_02 的 HiveServer2 服务来操作 Hive,在数据库 hive_database 中创建分区表 partitioned_table,具体命令如下。

```
CREATE TABLE IF NOT EXISTS
hive_database.partitioned_table(
username STRING COMMENT "This is username",
age INT COMMENT "This is user age"
)
PARTITIONED BY (
province STRING COMMENT "User live in province",
city STRING COMMENT "User live in city"
)
ROW FORMAT DELIMITED
FIELDS TERMINATED BY ','
LINES TERMINATED BY '\n'
STORED AS textfile
TBLPROPERTIES ("comment" = "This is a partitioned table");
```

　　上述命令中,通过 PARTITIONED BY 子句在分区表 partitioned_table 中创建了 province 和 city 两个分区字段,该分区表的分区属于二级分区,也就是说,在分区表的数据目录下会出现多个 province 子目录,用于存放不同 province 的数据,在每个 province 目录下存在多个 city 子目录,用于存放不同 city 的数据。

　　注意:

　　(1)分区表中的分区字段名称不能与分区表的列名重名。

　　(2)分区字段在创建分区表时指定,一旦分区表创建完成,后续则无法修改或者添加分区字段。

7.3.2　查询分区表

　　查询分区表是指查看分区表的分区信息,语法格式如下。

```
SHOW PARTITIONS [db_name.]table_name [PARTITION(partition_column = partition_
col_value, partition_column = partition_col_value,…)];
```

　　上述语法的具体讲解如下。

- SHOW PARTITIONS:查看分区表分区信息的语句。
- db_name. :可选,用于指定数据库名称,若不指定,则使用当前数据库。
- table_name:用于指定分区表名称。

• PARTITION(…):可选,查询指定分区信息。其中,partition_column 用于指定分区字段,partition_col_value 用于指定分区字段的值,即实际分区名。

接下来,在虚拟机 Node_03 上通过远程连接虚拟机 Node_02 的 HiveServer2 服务来操作 Hive,查询数据库 hive_database 中分区表 partitioned_table 的分区信息,具体命令如下。

```
SHOW PARTITIONS hive_database.partitioned_table;
```

7.3.3　添加分区

添加分区是在分区表中根据分区字段添加实际分区,语法格式如下。

```
ALTER TABLE table_name ADD [IF NOT EXISTS] PARTITION
(partition_column = partition_col_value,
partition_column = partition_col_value,…)
[LOCATION 'location']…;
```

上述语法的具体讲解如下。

• ALTER TABLE:修改数据表结构信息的语句。

• ADD [IF NOT EXISTS] PARTITION:用于添加分区。其中,IF NOT EXISTS 为可选,用于判断添加的分区是否存在。

• partition_column:用于指定分区字段。

• partition_col_value:用于指定分区字段的值,即实际分区。

• LOCATION 'location':可选,用于指定分区在 HDFS 上的存储位置。

接下来,在虚拟机 Node_03 上通过远程连接虚拟机 Node_02 的 HiveServer2 服务来操作 Hive,向数据库 hive_database 的分区表 partitioned_table 中添加分区,具体命令如下。

```
ALTER TABLE hive_database.partitioned_table
ADD PARTITION (province = 'HeBei',city = 'HanDan')
location '/user/hive_local/warehouse/hive_database.db/HeBei'
PARTITION (province = 'ShanDong',city = 'JiNan')
location '/user/hive_local/warehouse/hive_database.db/ShanDong';
```

上述命令在数据库 hive_database 的分区表 partitioned_table 中添加了两个二级分区,分别是 province = HeBei/city = HanDan 和 province = ShanDong/city = JiNan。

上述命令执行完成后,在 Hive 客户端工具 Beeline 中执行"SHOW PARTITIONS hive_database. partitioned_table;"命令,查看数据库 hive_database 中分区表 partitioned_table 的分区信息。

7.3.4　重命名分区

重命名分区是根据分区表的分区字段修改分区表的实际区,重命名分区的语法格式如下。

```
ALTER TABLE table_name PARTITION
(partition_column＝partition_col_value,
partition_column＝partition_col_value,…)
RENAME TO PARTITION (partition_column＝partition_col_value, partition_column＝
partition_col_value,…);
```

接下来,在虚拟机 Node_03 上通过远程连接虚拟机 Node_02 的 HiveServer2 服务来操作 Hive,重命名数据库 hive_database 中分区表 partitioned_table 的分区,具体命令如下。

```
ALTER TABLE hive_database .partitioned_table PARTITION
(province＝'HeBei',city＝'HanDan')
RENAME TO PARTITION(province＝'HuBei',city＝'WuHan');
```

上述命令将分区表 partitioned_table 的二级分区 province ＝ HeBei/city ＝ HanDan 重命名为 province ＝ HuBei/city ＝ WuHan。

上述命令执行完成后,执行"SHOW PARTITIONS hive_database. partitioned_table;"命令,查看数据库 hive_database 中分区表 partitioned - table 的分区信息,分区表 partitioned_table 的二级分区 province ＝ HeBei/city ＝ HanDan 成功重命名为 province ＝ HuBei/city ＝ WuHan。

7.3.5　移动分区

移动分区可以将分区表 A 中的分区移动到另一个具有相同表结构的分区表 B 中。需要注意的是,分区表 B 中不能存在分区表 A 中要移动的分区。移动分区的语法格式如下。

```
ALTER TABLE table_name_B EXCHANGE PARTITION
(partition_column＝partition_col_value,
partition_column＝partition_col_value,…)
WITH TABLE table_name_A;
```

接下来,在虚拟机 Node_03 上通过远程连接虚拟机 Node_02 的 HiveServer2 服务来操作 Hive。具体操作步骤如下。

(1)在数据库 hive_database 中,创建与分区表 partitioned_table 表结构一致的分区表 partitioned_table1,具体命令如下。

```
CREATE TABLE IF NOT EXISTS
hive_database.partitioned_table1(
username STRING COMMENT "This is username",
age INT COMMENT "This is user age"
)
PARTITIONED BY(
province STRING COMMENT "User live in province",
city STRING COMMENT "User live in city"
)
ROW FORMAT DELIMITED
FIELDS TERMINATED BY ','
```

```
LINES TERMINATED BY '\n'
STORED AS textfile
TBLPROPERTIES( "comment" = "This is a partitioned table");
```

（2）将分区表 partitioned_table 的二级分区 province = HuBei/city = WuHan 移动到分区表 partitioned_table1，具体命令如下。

```
ALTER TABLE hive_database.partitioned_table1 EXCHANGE
PARTITION (province ='HuBei',city ='WuHan') WITH TABLE partitioned_table;
```

（3）在 Hive 客户端中执行"SHOW PARTITIONS hive_database.partitioned_table；"和"SHOW PARTITIONS hive_database.partitioned_table1；"命令查看分区表 partitioned_table 和 partitioned_table1 的分区信息。可以看出，分区表 partitioned_table 中已经不存在二级分区 province = HuBei/city = WuHan，分区表 partitioned_table1 中添加了二级分区 province = HuBei/city = WuHan，说明成功将分区表 partitioned_table 中的二级分区 province = HuBei/city = WuHan 移动到分区表 partitioned_table1。

7.3.6 删除分区

删除分区是根据分区表的分区字段删除分区表的实际分区，语法格式如下。

```
ALTER TABLE table_name DROP [ IF EXISTS]
PARTITION (partition_column = partition_col_value,
partition_column =partition_col_value,…) [ PURGE];
```

上述命令中，PURGE 为可选，当删除分区时，若使用 PURGE，则分区的数据不会放入回收站，之后也无法通过回收站恢复分区的数据，反之，则放入回收站。这里的恢复数据不包含元数据，元数据删除后无法恢复。

接下来，在虚拟机 Node_03 上通过远程连接虚拟机 Node_02 的 HiveServer2 服务来操作 Hive，删除数据库 hive_database 中分区表 partitioned_table1 的分区，具体命令如下。

```
ALTER TABLE hive_database.partitioned_table1 DROP IF EXISTS
PARTITION(province ='"HuBei',city ='WuHan');
```

上述命令用于删除数据库 hive_database 中分区表 partitioned_table1 的二级分区 province = HuBei/city = WuHan。

上述命令执行完成后，在 Hive 客户端中执行"SHOW PARTITIONS hive_database.partitioned_table1；"命令，查看数据库 hive_database 中分区表 partitioned_table1 的分区信息。可以看出，分区表 partitioned_table1 中已经不存在二级分区 province = HuBei/city = WuHan，说明成功删除分区表 partitioned_table1 中的二级分区 province = HuBei/city = WuHan。

7.4 分桶表

Hive 的分区可以将整体数据划分成多个分区,从而优化查询,但是并非所有的数据都可以被合理分区,会出现每个分区数据大小不一致的问题,有的分区数据量很大,有的分区数据量却很小,这就是常说的数据倾斜。为了解决分区可能带来的数据倾斜问题,Hive 提供了分桶技术,Hive 中的分桶是指定分桶表的某一列,让该列数据按照哈希取模的方式随机、均匀地分发到各个桶文件中。本节详细讲解分桶表的相关操作。

7.4.1 创建分桶表

由于分桶表是基于内/外部表创建的,所以分桶表的创建方式和创建数据表的方式类似。接下来,在虚拟机 Node_03 上通过远程连接虚拟机 Node_02 的 HiveServer2 服务来操作 Hive,在数据库 hive_database 中创建分桶表 clustered_table,具体命令如下。

```
CREATE TABLE IF NOT EXISTS
hive_database.clustered_table(
id STRING,
name STRING,
gender STRING,
age INT,
dept STRING
)
CLUSTERED BY (dept) SORTED BY (age DESC) INTO 3 BUCKETS
ROW FORMAT DELIMITED
FIELDS TERMINATED BY ','
LINES TERMINATED BY '\n'
STORED AS textfile
TBLPROPERTIES ("comment" = "This is a clustered table");
```

上述命令中,指定分桶表 clustered_table 按照列 dept 进行分桶,每个桶中的数据按照列 age 进行降序(DESC)排序,指定桶的个数为3。

注意:

(1)分桶个数是指在 HDFS 中分桶表的存储目录下会生成相应分桶个数的小文件。

(2)分桶表只能根据一列进行分桶。

(3)分桶表可以与分区表同时使用,分区表的每个分区下都会有指定分桶个数的桶。

(4)分桶表中指定分桶的列可以与排序的列不相同。

7.4.2 查看分桶表信息

由于分桶表属于 Hive 数据表的一种,所以可以通过 7.2.4 节中查看数据表的方式查看分桶表信息。

接下来,在虚拟机 Node_03 上通过远程连接虚拟机 Node_02 的 HiveServer2 服务来操作

Hive，查看数据库 hive_database 中分桶表 clustered_table 的信息，具体命令如下。

```
DESC FORMATTED hive_database.clustered_table;
```

7.5　临时表

临时表是 Hive 数据表的一种特殊形式，临时表只对当前会话可见，数据被存储在用户的临时目录，并在会话结束时删除。接下来，在虚拟机 Node_03 上通过远程连接虚拟机 Node_02 的 HiveServer2 服务来操作 Hive，在数据库 hive_database 中创建临时表 temporary_table，具体命令如下。

```
CREATE TEMPORARY TABLE
hive_database.temporary_table
(
name STRING,
age int,
gender STRING
ROW FORMAT DELIMITED
FIELDS TERMINATED BY ','
LINES TERMINATED BY '\n'
STORED AS textfile
TBLPROPERTIES( "comment" = "This is a temporary table");
```

上述命令执行完成后，在 Hive 客户端中执行"DESC FORMATTED temporary_table;"命令，查看数据库 hive_database 中临时表 temporary_table 的表结构信息，可以看出，临时表 temporary_table 在 HDFS 的数据存储路径为/tmp_local/hive/root，该路径中/tmp_local/hive 为 Hive 配置文件中参数 hive. exec. scratchdir 指定的临时目录，/root 是根据当前用户名 root 创建的目录。

在 Hive 客户端工具 Beeline 中执行"！table"命令退出当前会话，再次使用 Hive 客户端工具，虚拟机 Node_03 远程连接虚拟机 Node_02 的 HiveServer2 服务时，会发现数据库 hive_database 中已经不存在临时表 temporary_table 了。

注意：

（1）临时表不支持分区，不能基于 CREATE TABLE 句式创建临时分区表。

（2）临时表不支持索引。

（3）临时表是数据表的一种展现形式，因此，针对数据表的操作同样可以应用于临时表。

（4）如果同一数据库中的临时表与非临时表名称一致，那么此会话内任何操作都会被解析为临时表的操作，用户将无法访问同名的非临时表。

7.6　视图

视图是从数据库的数据表中选取出来的数据组成的逻辑窗口，它是一个虚拟表。引入视图后,用户可以将注意力集中在关心的数据上,如果数据来源于多个基本表结构,并且搜索条件比较复杂,需要编写的查询语句就会比较烦琐,此时使用视图将数据查询语句变得简单可行。

　　Hive 中的视图是一种无关底层存储的逻辑对象,也就是说,视图中的数据并不会持久化到 HDFS 中。视图中的数据是来自 SELECT 语句查询的结果集,一旦视图创建完成,便不能向视图中插入或者加载数据。本节针对视图的相关操作进行讲解。

7.6.1　创建视图

　　创建视图的语法格式如下。

```
CREATE VIEW [IF NOT EXISTS] [db_name.] view_name
[(column_name [COMMENT column_comment],…)]
[COMMENT view_comment]
[TBLPROPERTIES (property_name = property_value,…)]
AS SELECT…;
```

　　上述语法的具体讲解如下。

- CREATE VIEW:表示创建视图的语句。创建视图时,无法指定列的数据类型,列的数据类型与查询语句中数据表对应列的数据类型一致。
  - IF NOT EXISTS:可选,判断创建的视图是否存在。
  - db_name:可选,用于指定创建视图的数据库。
- view_name:用于指定视图名称。
- column_name:可选,用于指定列名。若没有指定列名,则通过查询语句生成列名,生成的列名与查询语句中数据表的列名一致。
  - COMMENT column_comment:可选,用于指定列描述。
  - COMMENT view_comment:可选,用于指定视图描述。
  - TBLPROPERTIES (property_name = property_value,…):可选,用于指定视图的属性。
  - AS SELECT:用于指定查询语句。

　　接下来,在虚拟机 Node_03 上通过远程连接虚拟机 Node_02 的 HiveServer2 服务来操作 Hive,在数据库 hive_database 中创建视图 view_table,具体命令如下。

```
CREATE VIEW IF NOT EXISTS hive_database.view_table
COMMENT "This is a view table"
AS SELECT staff_name FROM hive_database.managed_table_new;
```

　　上述命令根据查询内部表 managed_table_new 中列 staff_name 的结果集,在数据库 hive_database 中创建视图 view_table,此时视图 view_table 中只包含列 staff_name。

　　上述命令执行完成后,在 Hive 客户端中执行"DESC view_table;"命令,查看数据库 hive_database 中视图 view_table 的表结构信息。

7.6.2 查询视图信息

查询视图信息的语法格式如下。

```
DESC [FORMATTED] view_table;
```

接下来,在虚拟机 Node_03 上通过远程连接虚拟机 Node_02 的 HiveServer2 服务来操作 Hive,查看视图 view_table 的详细结构信息和基本结构信息,具体命令如下。

```
/*查看视图 view_table 的详细结构信息*/
DESC FORMATTED view_table;
/*查看视图 view_table 的基本结构信息*/
DESC view_table;
```

可以看出,在视图 view_table 的详细结构信息中并没有出现 Location 参数(数据文件存放目录),这说明视图的数据并不会进行实际存储,并且视图 view_table 中列以及列的数据类型与内部表 managed_table 中列 staff_name 一致,说明若创建视图时没有提供列名,则通过查询语句生成列名,生成的列名与查询语句中数据表的列名一致。

7.6.3 查看视图

查看数据库中视图的语法格式如下。

```
SHOW VIEWS [IN/FROM database_name] [LIKE 'pattern_with_wildcards'];
```

上述语法的具体讲解如下。
- SHOW VIEWS:查看视图的语句。
- IN/FROM database_name:可选,指定数据库,其中 IN/FROM 含义相同,可切换使用。
- LIKE 'pattern_with_wildcards':可选,LIKE 子句用于模糊查询,pattern_with_wildcards 用于指定查询条件。

接下来,在虚拟机 Node_03 上通过远程连接虚拟机 Node_02 的 HiveServer2 服务来操作 Hive,查看数据库 hive_database 中包含的视图,具体命令如下。

```
SHOW VIEWS IN hive_database;
```

可以看出,数据库 hive_database 中包含视图 view_table。

7.6.4 修改视图

修改视图操作,包括修改视图属性以及修改视图结构,下面针对这两种修改视图操作进行讲解,具体内容如下。

1. 修改视图属性

修改视图属性的语法格式如下。

```
ALTER VIEW [db_name . ] view_name SET TBLPROPERTIES
(property_name = property_value,
property_name = property_value,…);
```

上述语法的具体讲解如下。

- ALTER VIEW:修改视图的语句。
- db_name:可选,用于指定数据库名称。
- view_name:用于指定视图名称。
- SET TBLPROPERTIES(property_name = property_value,property_name = property_value,…):用于修改视图的指定属性。其中,property_name = property_value 表示修改的属性(property_name)和属性值(property_value)。

接下来,在虚拟机 Node_03 上通过远程连接虚拟机 Node_02 的 HiveServer2 服务来操作 Hive,修改数据库 hive_database 中视图 view_table 的属性,具体命令如下。

```
ALTER VIEW hive_database.view_table
SET TBLPROPERTIES ("comment" = "view table");
```

上述命令修改数据库 hive_database 中视图 view table 的属性 comment,将属性值修改为 view table。上述命令执行完成后,在 Hive 客户端中执行"DESC FORMATTED view_table;"命令,查看数据库 hive_database 中视图 view_table 的表结构信息。

2. 修改视图结构

视图结构(列名、数据和列数据类型)通过创建视图时指定的查询语句构建,因此,修改视图结构是指修改视图的查询语句,查询语句修改后,会覆盖原有查询语句在视图中构建的结构。修改视图结构的语法格式如下。

```
ALTER VIEW [db_name. ] view_name AS select_statement;
```

上述语法中,select_statement 用于为视图指定新的查询语句。

接下来,在虚拟机 Node_03 上通过远程连接虚拟机 Node_02 的 HiveServer2 服务来操作 Hive,修改数据库 hive_database 中视图 view_table 的结构,具体命令如下。

```
ALTER VIEW hive_database.view_table
AS SELECT salary,hobby FROM managed_table_new;
```

上述命令中,将视图 view_table 结构由查询内部表 managed_table_new 中列 staff_name 的结果集,修改为查询内部表 managed_table_new 中列 salary 和 hobby 的结果集。

上述命令执行完成后,在 Hive 客户端中执行"DESC view_table;"命令,查看数据库 hive_database 中视图 view_table 修改后的结构信息。视图 view_table 的结构由原始的单列 staff_ name 更改为 salary 和 hobby 两列。

7.6.5　删除视图

删除视图的语法格式如下。

```
DROP VIEW [ IF EXISTS] [db_name. ] view_name;
```

上述语法中,DROP VIEW 表示删除视图的语句;IF EXISTS 为可选,用于判断视图是否存在;db_name 表示数据库名称;view_name 表示视图名称。

接下来,在虚拟机 Node_03 上通过远程连接虚拟机 Node_02 的 HiveServer2 服务来操作 Hive,删除数据库 hive_database 中的视图 view_table,具体命令如下。

```
DROP VIEW IF EXISTS hive database .view table;
```

执行"SHOW VIEWS IN hive_database;"命令,查看数据库 hive_database 中的所有视图,数据库 hive_database 中没有视图,说明成功删除数据库 hive_database 中的视图view_table。

注意:如果要删除的视图被其他视图引用,那么删除视图时,程序不会发出警告,但是引用该删除视图的其他视图会默认失效。

7.7　索引

在数据快速增长的时代,对数据查询及处理的速度已成为判断应用系统优劣的重要指标之一。采用索引加快查询数据的速度是广大数据库用户接受的一种优化方法。在良好的数据库设计基础上,有效地使用索引可以提高数据库性能。本节针对索引操作进行详细讲解。

7.7.1　Hive 中的索引

索引创建在 Hive 表的指定列,创建索引的列称为索引列,通过索引列执行查询操作时,可以避免全表扫描以及全分区扫描,从而提高查询速度。然而,在提高查询速度的同时, Hive 会额外消耗资源去创建索引,以及需要更多的磁盘空间存储索引。索引可以总结为一种以空间换取时间的方式。

Hive 的索引其实是一张索引表,在表中存储了索引列的值、索引列的值在 HDFS 对应的数据文件路径以及索引列的值在数据文件中的偏移量。涉及索引列的查询时,首先会去索引表中查找索引列的值在 HDFS 对应的数据文件路径以及索引列的值在数据文件中的偏移量,通过数据文件路径和偏移量去扫描全表的部分数据,从而避免全表扫描。

7.7.2　创建索引

创建索引的语法格式如下。

```
CREATE INDEX index_name
ON TABLE base_table_name(col_name,…)
AS index_type
[WITH DEFERRED REBUILD]
[IN TABLE index_table_name]
[
[ROW FORMAT …] STORED AS …
| STORED BY …
]
[LOCATION hdfs_path]
[TBLPROPERTIES (…)]
[COMMENT "index comment"];
```

上述语法的具体讲解如下。

* CREATE INDEX：创建索引的语句。
* index_name：用于指定创建索引时实现的类，通常使用类 org. apache. hadoop. hive. ql. index. compact. CompactIndexHandler。
* ON TABLE base_table_name(col_name,…)：用于指定数据表中创建索引的列。
* AS index_type：用于指定索引类型。
* WITH DEFERRED REBUILD：可选，用于重建索引。
* IN TABLE index_table_name：可选，用于指定索引表的名称。
* ROW FORMAT：可选，用于序列化行对象。
* STORED AS：可选，用于指定存储格式，例如 RCFILE 或 SEQUENCFILE 文件格式。
* STORED BY：可选，用于指定存储方式，例如将索引表存储在 HBase 中。
* LOCATION hdfs_path：可选，用于指定索引表在 HDFS 的存储位置。
* TBLPROPERTIES：可选，用于指定索引表属性。
* COMMENT "index comment"：可选，用于指定索引描述。

接下来，在虚拟机 Node_03 上通过远程连接虚拟机 Node_02 的 HiveServer2 服务来操作 Hive，为数据库 hive_database 的内部表 managed_table_new 创建索引，具体命令如下。

```
CREATE INDEX index_staff_name
ON TABLE hive_database.managed_table_new (staf f_name)
AS 'org.apache.hadoop.hive.ql.index.compact.CompactIndexHandler'
WITH DEFERRED REBUILD
IN TABLE index_name_table
TBLPROPERTIES ("create"="itcast")
COMMENT "index comment";
```

上述命令在数据库 hive_database 的内部表 managed_table_new 中创建索引 index_staff_name,

指定索引列为 staff_name,指定索引类型为 org. apache. hadoop. hive. ql. index. compact. CompactIndexHandler,指定索引表名称为 index_name_table,指定索引表属性 create 的属性值为 itcast,指定索引描述为 index comment。

7.7.3　查看索引表

索引表属于 Hive 数据表的一种形式,可以通过 7.2.4 节查看数据表的语句查看当前数据库中的索引表以及索引表的表结构信息。

接下来,在虚拟机 Node_03 上通过远程连接虚拟机 Node_02 的 HiveServer2 服务来操作 Hive,查看数据库 hive_database 中的索引表以及查看索引表 index_name_table 的详细结构信息,具体命令如下。

```
/*查看当前数据库中的索引表*/
SHOW TABLES;
/*查看索引表的详细结构信息*/
DESC FORMATTED index_name_table;
```

可以看出,索引表 index_name_table 默认存储在 Hive 配置文件中参数 hive。metastore. warehouse. dir 指定的 HDFS 路径;索引表 index_name_table 中包含 3 个列,分别是 staff_name (索引列)、_bucletname(索引列的值在 HDFS 对应的数据文件路径)和_offsets(索引列的值在数据文件中的偏移量)。

7.7.4　查看索引

查看索引是指查看 Hive 中创建索引数据表的索引信息,语法格式如下。

```
SHOW [FORMATTED] (INDEX |INDEXES) ON table_with_index [(FROM |IN) db_name];
```

上述语法中,INDEX 和 INDEXES 含义相同,可以切换使用,表示用于查看索引信息;table_with_index 用于指定查看创建索引的数据表。

接下来,在虚拟机 Node_03 上通过远程连接虚拟机 Node_02 的 HiveServer2 服务来操作 Hive,查看数据库 hive_database 中内部表 managed_table_new 的索引信息,具体命令如下。

```
SHOW INDEXES ON managed_table_new FROM hive_database;
```

可以看出,内部表 managed_table_new 存在索引 index_staff_name,索引列为 staff_name,索引表为 index_name_table,索引类型为 compact,索引描述为 index comment。

7.7.5　重建索引

索引创建完成后,还无法使用索引功能,此时索引表中是没有数据的,需要通过重建索引操作,将索引列的值、索引列的值在 HDFS 对应的数据文件路径和索引列的值在数据文件中的偏移量加载到索引表中。重建索引的语法格式如下。

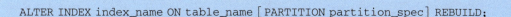

```
ALTER INDEX index_name ON table_name [PARTITION partition_spec] REBUILD;
```

上述语法中,PARTITION partition_spec 为可选,表示只重建指定分区内的索引;index_name 表示索引名称;table_name 表示索引所在的数据表。

接下来,在虚拟机 Node_03 上通过远程连接虚拟机 Node_02 的 HiveServer2 服务来操作 Hive,重建数据库 hive_database 中内部表 managed_table_new 的索引 index_staff_name,具体命令如下。

```
ALTER INDEX index_staff_name ON hive_database.managed_table_new REBUILD;
```

上述命令执行完成后,便可在数据表 managed. table_new 使用索引功能。需要注意的是,若数据表 managed_table_new 中的数据发生变化,则数据表不会自动重建索引,需要手动重建索引生成新的索引表数据。

7.7.6　删除索引

删除索引是指删除数据表中创建的索引,删除索引的同时会删除索引对应的索引表,删除索引语法格式如下。

```
DROP INDEX [IF EXISTS] index_name ON table_name;
```

上述语法中,index_name 表示索引名称;table_name 表示索引所在的数据表。

接下来,在虚拟机 Node_03 上通过远程连接虚拟机 Node_02 的 HiveServer2 服务来操作 Hive,删除内部表 managed_table_new 创建的索引 index_staff_name,具体命令如下。

```
DROP INDEX IF EXISTS index_staff_name ON managed_table_new;
```

上述命令执行完成后,在 Hive 客户端中分别执行"SHOW INDEXES ON managed_table_new FROM hive_database;"命令和"SHOW TABLES;"命令,查看数据库 hive_database 中内部表 managed_table_new 的索引信息和当前数据库下的所有表。可以看出,数据库 hive_database 中不存在索引表 index_name_table,并且内部表 managed_table_new 中的索引 index_staff_name 也不存在了。

本章小结

本章主要讲解了 Hive 数据定义语言的相关操作,包括数据库的基本操作、数据表的基本操作,以及分区表、分桶表、临时表、视图和索引的相关操作。希望通过本章的学习,读者可以熟练掌握 Hive 的数据定义操作,为后续学习 Hive 更多的数据操作奠定基础。

项目实践

1. 在数据库 hive_database 中创建外部表 external_test,外部表 external_test 的结构要求如下。

（1）要求数据文件存储位置为/test/hive/external_test。

（2）外部表 external, test 包含 5 列,这 5 列的数据类型分别是 STRING、INT、FLOAT、ARRAY 和 MAP,并自定义列名。

（3）指定数据类型为 ARRAY 的列中元素的数据类型为 STRING。

（4）指定数据类型为 MAP 的列中每个键值对 KEY:VALUE 的数据类型为 STRING:INT。

2. 在数据库 hive_database 中创建与外部表 external_test 表结构一致的分区表 partitioned_test,指定文件存储位置为/test/hive/partitioned_test,在分区表中创建两个分区字段,自定义分区字段的名称和数据类型。

本章习题

一、填空题

1. 操作 Hive 时,默认使用的数据库是_____。

2. 若需要同时删除数据库和数据库中的表,则需要在删除数据库的语句中添加_____。

3. 分区主要是将表的整体数据根据业务需求,划分成多个子目录来存储,每个子目录对应一个_____。

4. 索引是一种以空间换取_____的方式。

5. 临时表只对当前会话可见,数据被存储在用户的_____目录,并在会话结束时_____。

二、判断题

1. 当删除外部表时,外部表的元数据和数据文件会一同删除。　　　　　　　（　　　）

2. 查看表结构信息语法中,DESCRIBE 要比 DESC 查看的信息更加详细。　　（　　　）

3. 分区表中的分区字段名称不能与分区表的列名重名。　　　　　　　　　（　　　）

4. 分桶表可以根据多列进行分桶。　　　　　　　　　　　　　　　　　　（　　　）

三、选择题

1. 下列选项中,不属于 Hive 内置 Serde 的是(　　　)。

A. FIELD TERMINATED BY

B. COLLECTION ITEMS TERMINATED BY

C. MAP KYS TERMINATED BY

D. NULL DEFINED AS

2. 下列选项中,关于 Hive 分桶表的描述,错误的是(　　)。

A. 创建分桶表可以不指定排序列

B. 分桶表不能与分区表同时使用

C. 分桶个数决定分桶表的存储目录下生成小文件的数量

D. 分桶表中指定分桶的列需要与排序的列保持一致

3. 下列选项中,关于视图的说法,错误的是(　　)。

A. 视图是只读的

B. 视图包含数据文件

C. 创建视图时无法指定列的数据类型

D. 视图是通过查询语句创建的